CATALOGUE

DES

MOUSSES CROISSANT DANS LE BASSIN DU RHONE

PAR

L. DEBAT

LYON
ASSOCIATION TYPOGRAPHIQUE
F. PLAN, RUE DE LA BARRE, 12

1886

CATALOGUE
DES
MOUSSES CROISSANT DANS LE BASSIN DU RHONE

PAR

L. DEBAT

AVANT-PROPOS

La configuration oréographique du bassin du Rhône offre des conditions très favorables au développement des Mousses. L'altitude du sol y varie beaucoup. Entre les plaines basses qui forment le littoral de la Méditerranée et le sommet du Mont-Blanc, le point plus le élevé de l'Europe, il y a environ une différence de 4800 m. Avec des écarts aussi considérables en altitude, il faut s'attendre à rencontrer des variations très grandes dans les températures. Tandis que la chaleur est presque tropicale sur le littoral méditerranéen, les glaciers de nos sommités alpines nous donnent l'impression des régions polaires.

Ces accidents oréographiques si prononcés ont exercé une influence très grande sur la constitution physique du sol. Nous trouvons en effet dans le bassin des terrains d'alluvion, des marécages, des tourbières, des masses rocheuses aux parois tantôt arides, tantôt fraîches et ombragées, des sources abondantes, des forêts sous leurs divers aspects, taillis, hautes futaies, conifères, etc., toutes stations qui suivant les espèces sont recherchées par les Mousses. Les calcaires, les roches siliceuses, les argiles y occupent de vastes étendues, et grâce aux profonds dénivellements qui caractérisent nos puissants massifs alpins, ces diverses natures de terrain se trouvent souvent enchevêtrées. Aussi n'est-il pas rare de rencontrer dans un espace relativement restreint et presque côte à côte des espèces calcicoles et des espèces silicicoles.

Si l'on tient compte des conditions multiples que nous venons d'énumérer, on comprendra pourquoi, à l'encontre de ce qui s'est passé dans beaucoup d'autres régions, les anciens botanistes de la nôtre n'ont point pour la plupart négligé l'étude des Mousses. Toutefois, c'est surtout de nos jours que la recherche de ces intéressants végétaux a pris une place importante dans les publications et correspondances botaniques. Il faut constater cependant qu'un assez grand nombre de circonscriptions du bassin n'ont pas été suffisamment explorées. En outre, il n'existe point de travail d'ensemble. La Société botanique de Lyon s'étant donné pour objectif l'étude de tous les végétaux croissant dans les limites du bassin, nous avons essayé de combler, en ce qui concerne les Mousses, la lacune signalée ci-dessus. Nous n'ignorons pas combien notre travail laisse de points non étudiés. La petitesse d'un grand nombre de Mousses fait qu'elles échappent souvent aux regards des excursionnistes arpentant le terrain d'un pas rapide.

Pour inventorier les richesses bryologiques d'une circonscription même assez restreinte, il faut un observateur installé sur les lieux, pouvant faire des recherches en toute saison, fouillant tous les coins et recoins, et résolu à consacrer quelques années à ce travail. Or, le nombre des botanistes s'occupant de bryologie est excessivement restreint ; il ne faudrait donc pas s'imaginer que nous sommes parvenu en indiquant des localités à donner une idée exacte de la distribution des Mousses dans notre domaine. Nous avons signalé les stations où l'on était certain de rencontrer telle ou telle espèce. Mais il y a beaucoup de probabilités pour que de nouvelles recherches en fassent découvrir d'autres.

L'impossibilité de réaliser complètement notre programme ne nous a point découragé. Nous avons pensé que la publication d'un Catalogue, même incomplet, stimulerait le zèle des jeunes bryologues, en ferait surgir de nouveaux, et en outre que par là nous acquitterions une juste dette de reconnaissance vis-à-vis des excellents collaborateurs qui nous ont prêté leurs concours et fourni des matériaux précieux. En leur consacrant les quelques lignes suivantes, nous indiquerons par là même les sources auxquelles nous avons puisé.

M. Boudeille, dont nous regrettons vivement la perte, a recueilli un nombre considérable d'espèces dans la vallée de l'Ubaye et plus tard dans les environs de Grenoble. M. Chatelain a exploré avec beaucoup de zèle tout le massif montagneux qui entoure Faverges, les vallées qui le parcourent et les bords du lac d'Annecy. M. A. Guinet a étudié la Flore bryologique des environs de Genève, d'une partie de la Haute-Savoie et du Jura. A ses nombreux envois il a joint des espèces récoltées dans les mêmes parages par M. Rome et par le docteur Bernet. Le Frère Pacôme a fait de nombreuses excursions dans les départements du Rhône, de la Loire, de l'Ardèche, de la Drôme et quelques autres méridionaux. Les personnes que nous venons de nommer nous ayant fait l'honneur de s'adresser à nous pour la détermination de leurs espèces, nous les avons étudiées avec soin, et obtenu ainsi la connaissance d'un grand nombre de localités et de formes très intéressantes. M. Payot, de Chamounix, avec qui nous avons eu le plaisir de faire quelques herborisations, nous a fait de volumineux envois, aussi remarquables par la quantité des échantillons que par leur qualité. M. Flagey a eu l'extrême obligeance de nous envoyer un herbier à peu près complet des Mousses de la Franche-Comté. M. Renauld, M. Philibert nous ont fait part de toutes les espèces rares, ou même innommées encore, par eux recueillies dans le midi de la France, dans l'Ardèche, dans Saône-et-Loire, dans la Haute-Saône et dans le Valais. Nous possédons un grand nombre de Mousses recueillies dans le Queyras par MM. Husnot et Saint-Lager ; dans le Valais et autres lieux par ce dernier. De M. Taxis nous avons l'*Hydrogonium mediterraneum*, découvert par lui près de Marseille et dont nous avons rencontré une forme algérienne dans le ravin du Rimel, à Constantine.

Enfin, de plusieurs sociétaires, nos collègues, nous avons obtenu des échantillons provenant soit de leurs propres récoltes, soit de celles de M. Hanry, de M. Ravaud, etc. Nous avons nous-même exploré les environs de Lyon, et spécialement la moitié méridionale du département du Rhône, le Pilat, les environs de Bourg, une partie du Haut-Bugey, les Monts-d'Ain, la Grande-Chartreuse, le Sapey, la vallée du Bréda près Allevard, les environs de Chamounix, la Vallorsine, les routes de Vernayaz et de la Tête-Noire, etc.

Indépendamment de ces nombreux documents en nature, nous

avons mis à profit ceux empruntés à diverses publications. Ce sont, pour ne citer que les principales : le Catalogue des Mousses de la chaîne de Lure par M. Renauld ; celui des marais de Saône par MM. Paillot, Flagey et Renauld ; les articles publiés dans la *Revue bryologique* par MM. Ravaud, Philibert, Renauld, lorsqu'ils avaient trait à notre bassin ; les diverses florules de M. Payot et spécialement la dernière publiée, qui est très riche en localités et espèces nouvelles pour la Haute-Savoie ; enfin les indications fournies sur les stations de notre domaine par le remarquable ouvrage sur les Mousses de France, de l'abbé Boulay.

Tels sont les matériaux que nous avons mis en œuvre pour rédiger le Catalogue que nous offrons aux botanistes. Puisse-t-il leur être de quelque utilité et provoquer de nouvelles recherches bryologiques pour combler toutes les lacunes qu'il comporte !

L. DEBAT.

NOTA. Notre Catalogue ne comprend pas les Sphaignes. Le genre *Sphagnum* est très riche en variétés souvent difficiles à déterminer, par ce que les bryologues ne sont pas parfaitement d'accord sur leur nombre et la fixité de leurs caractères. En outre, nous ne sommes pas suffisamment édifié sur la dispersion dans notre bassin de ces espèces et variétés. Nous avons cru devoir ajourner ce travail. Cette dernière observation s'applique également aux Hépatiques.

EPHEMERUM (1)

E. SERRATUM. — Commun dans la zone silvatique inférieure ; signalé par Boulay près de Nîmes, au bois de Campagne ; aux environs de Montpellier (Saltzmann) ; à Bruailles, Saône-et-Loire, bois de Chalezeule près Besançon (Philibert) ; environs de Thonon (Puget) ; alluvions à Beaunant près Lyon, Saint-Genis-Laval (Fr. Pacôme) ; Servoz et vallée de l'Arve, parties moyenne et inférieure (Puget).

E. LONGIFOLIUM. — Espèce nouvelle découverte à Bruailles, Saône-et-Loire (Philibert).

---

(1) La dispersion des espèces de ce genre est fort peu connue à cause de leur petitesse. De nouvelles recherches permettront sans doute de faire connaître un plus grand nombre de stations. Cette observation s'applique d'ailleurs à la plupart des Mousses cleistocarpes.

E. LATIFOLIUM. — Espèce nouvelle découverte au même lieu que la précédente par M. Philibert.

E. RUTHŒANUM. — Signalé par Carion aux bords des étangs dans quelques localités de Saône-et-Loire, en dehors, mais près de nos limites.

E. STENOPHYLLUM. — Bruailles (Philibert); l'Esterel (Boulay).

PHYSCOMITRELLA

P. PATENS. A peine rencontré dans notre région. Environs de Grenoble (Ravaud); Bourogne (Quélet).

EPHEMERELLA

E. RECURVIFOLIA. — D'après Boulay signalé entre Cannes et Antibes (Bornet), à Marseille, bassin d'épuration des eaux de la Durance (Boulay); à Thonon (Puget).

MICROBRYUM

M. FLŒRCKEANUM. — D'après Boulay signalé au Pont-de-Thièle, dans le Jura (Lesquereux); entre le Fayet et Sallanches (Payot).

La var. *badium* à Costebelle (de Mercey).

SPHAERANGIUM

S. MUTICUM. — D'après Boulay çà et là dans la région méditerranéenne où il a été rencontré près Tarascon (Requien); près Montpellier (Saltzmann); aux environs de Nîmes (Boulay); découvert à Beaunaut près Lyon (Frère Pacôme); au Petit-Salève (Guinet); vallée de l'Arve, parties moyenne et inférieure (Payot).

S. TRIQUETRUM. — Assez répandu dans la région méditerranéenne, où d'après Boulay il a été signalé à Antibes (Bornet), à Costebelle, au col du Cerf (de Mercey); à la Seyne-sur-Mer, (Frère Pacôme); aux collines de l'Estaque (Goulard). Nous l'avons trouvé en grande abondance sur le chemin de ronde, côté nord du fort de la Vitriolerie près Lyon.

PHASCUM

P. CARNIOLICUM. — Près de Montpellier (Bentham).

P. CUSPIDATUM. — Commun dans la région méditerranéenne,

très commun dans toute la zone silvatique inférieure et moyenne. Se trouve partout aux environs de Lyon dans les terres en jachère ou dans les prés secs, et probablement dans les départements voisins aux mêmes conditions. Signalé à Thonon (Haute-Savoie) ; entre le Fayet et Sallanches (Payot).

Var. *piliferum*. Saint-Ferréol (Haute-Savoie) ; Chaponost (Fr. Pacôme).

P. BRYOIDES. — Très commun dans la région méditerranéenne. Rencontré à Saint-Genis-Laval près Lyon (Frère Pacôme), glacis du fort de la Vitriolerie, côté sud, près Lyon (Debat) ; Champel près Genève (Guinet) ; Scey-sur-Saône, (Madiot).

P. CURVICOLLUM. — Commun dans la région méditerranéenne ; rare dans la zone silvatique inférieure. Nous l'avons des environs de Genève (Guinet) ; on le rencontre dans toute la vallée inférieure de l'Arve (Payot).

P. RECTUM. — Même dispersion que le précédent. Nous ne le connaissons pas dans nos environs.

PLEURIDIUM

P. NITIDUM. — Rare dans la région méditerranéenne ; environs de Montpellier (Saltzmann) ; assez répandu dans la zone silvatique inférieure ; s'élève dans la zone moyenne. Disséminé aux environs de Lyon, mais échappe souvent aux recherches. Nous l'avons de Frontonas ; étang desséché de la Mangenotte près Franchevelle, Doubs (Renauld).

Une *variété* à tubercules axillaires plus ou moins pédicellés est commune sur la terre des pots de fleurs, surtout dans les serres. Parc de la Tête-d'Or, à Lyon.

P. SUBULATUM. — Commun dans la zone silvatique inférieure ; très répandu dans les taillis autour de Lyon où il se dissimule sous des espèces plus grandes. S'élève à 1,200 m. dans les Alpes. Se rencontre dans la Haute-Savoie, au Petit-Salève (Guinet), à Villard de Lans (Ravaud) ; toute la vallée inférieure de l'Arve (Payot).

P. ALTERNIFOLIUM. — N'est peut-être qu'une forme du précédent avec lequel on le confond facilement. Doit se retrouver dans les mêmes stations ; Larrey et Fouvent (Renauld) ; Laissey (Renauld et Paillot).

SPORLEDERA

S. palustris. — A peine connu dans notre région. D'après Boulay a été signalé à Laroche-Bulon dans le Jura par Lesquereux ; étangs des monts Revaux (Renauld).

ASTOMUM

A. crispum. — Assez commun dans la région méditerranéenne. Rare autour de Lyon à Saint-Genis-Laval, où il a été trouvé dans le clos des Petits-Frères-de-Marie (Fr. Pacôme).

Suivant Boulay, la Mousse découverte à Fouvent-le-Haut, Haute-Saône, par M. Renauld se rapporterait au *multicapsulare* qui ne serait qu'une variété de l'*A. crispum*.

HYMENOSTOMUM

H. microstomum. — Très répandu aux environs de Lyon dans les terrains un peu graveleux : la Griaz (Haute-Savoie) ; talus de la partie moyenne et inférieure du bassin de l'Arve (Payot) ; Larret, Fouvent (Renauld).

Var. *obliquum*. Dieu-le-Fit.

H. tortile. — Très commun dans la région méditerranéenne dans la zone silvatique inférieure des terrains calcaires. Signalé au Luc, aux environs de Nîmes, Forcalquier, Mont-Salier, Peyruis (Renauld) ; sur les talus de la Bastille à Grenoble ; environs d'Annecy ; cascade de Coux près Chambéry ; bassin moyen et inférieur de l'Arve (Payot) ; Fouvent, mont le Vernois, Frotey, Grattery, Besançon (Renauld).

A. crispatum. — Disséminé dans la région méditerranéenne ; environs de Marseille (Sarrat-Geneste) ; de Cannes (Schimper) ; de Renage (Ravaud).

GYROWEISIA

G. tenuis — Environs d'Apt (Philibert).

G. reflexa. — Très rare dans notre région. Environs de Montpellier (Saltzmann) ; d'Hyères (Bescherelle).

G. acutifolia. — Vallée d'Avançon près Bex (Philibert).

GYMNOSTOMUM

G. calcareum. — Assez commun dans la région méditerranéenne. Les Mées, Forcalquier, Valsaintes, Sigonce (Renauld); Rians, Saut-de-l'Ane (Fr. Pacôme) ; signalé aux environs de Lyon, de Chambéry, de Thonon, à Publier (Haute-Savoie) ; au mont Lachat, aux Houches (Payot) ; rencontré aux environs de Dijon et de Montbéliard (Quélet) ; Pont-de-Secours près Besançon (Paillot), à Ethénoz près Vesoul (Renauld).

Var. *intermedium*, environs de Nice.

G. RUPESTRE. — Grandvillars (Boulay); Abriès, vallon de Ségure en Queyras ; environs de Voiron ; de Chamounix ; au mont Vautier, Sainte-Marie aux Montées, base de la Glière et de la Floriaz, Aiguilles-Rouges, revers nord (Payot) ; au Reculet ; au Petit-Salève (Guinet) ; à Nambelet (Haute-Savoie) ; à Sixt en montant au lac de Gers ; à Condamine (Basses-Alpes) ; vallée du Drac, grottes de Sassenage (Ravaud), Bout-du-Monde, Besançon (Renauld) ; disséminé çà et là sur les rochers calcaires humides, mais nulle part très commun.

Var. *compactum*. Rochers du Mont-Profond et vallon de Tacconaz (Payot).

Var. *ramosissimum*. Bords de la Fare près les forges d'Alivet, (Ravaud).

G. CURVIROSTRE. — Commun dans les Alpes et le Jura ; environs d'Allevard en remontant le Bréda vers les forges (Debat); chaîne de Lure (Renauld) ; environs de Grenoble ; combe de la Boisse (Isère), grottes de Séchilienne près Vizille ; descend peu dans la région méditerranéenne ; signalé sur les bords du Gardon et au Vigan (Boulay) ; gorges de la Diosaz (Payot).

Nous avons trouvé sur des roches, dans le Doubs près Pontarlier, une forme que nous avons désignée sous le nom d'*æruginosum*.

Var. *cataractarum*. Vallon du Chatelard sur le tunnel (Payot).
Var. *pallidisetum*. Rochers du Mont-Profond et cascade du mont Joly (Payot).

EUCLADIUM

E. VERTICILLATUM. — Très commun dans la région méditerranéenne ; surtout dans la zone inférieure et moyenne ; rare dans la zone subalpine. Assez répandu aux environs de Grenoble ; rochers du Bréda à Allevard (Debat); environs de Faverges (Haute-Savoie) ; route de Tenay à Hauteville ; aux bords du Chassezac près les Vans ; à Vuillafons, Doubs

(Flagey); rencontré autour de Lyon, sur plusieurs points : les Étroits ; le vallon de Sathonay ; id. de Saint-Didier-au-Mont-d'Or (Debat) ; affectionne les cavités du conglomérat alpin lorsqu'elles sont humides ; çà et là autour de Chamounix, (Payot) ; les Mées, Forcalquier, Sigonce, Valsaintes, revers nord de Lure ; Échénoz la Méline, Laissey, Besançon (Renauld).

Var. *arcuata* aux Étroits près Lyon, rare (Fr. Pacôme).

ANŒCTANGIUM

A. COMPACTUM. — Cascade du Dard à Chamounix, mont Vautier, col de la Forclaz, Sainte-Marie aux Montées, Grand-Bois, Aiguille à Bochard, Mont-Profond, Mauvais-Pas, Tacconaz, aux Rassaches, près Pierre-Pointue, gorges de la Diosaz, mont de la Côte, cascade des Pèlerins, Aiguilles-Rouges, versant nord (Payot) ; Pormenaz près Servoz (Puget) ; Pelvoux (Boulay) ; Mont Viso (Chaboisseau) ; Valsenestre, à l'est de La Mure (Ravaud).

WEISIA

V. VIRIDULA. — Commun dans la région méditerranéenne et dans toute la zone silvatique inférieure et moyenne. Fréquent aux environs de Lyon, de Genève ; autour de Faverges (Haute-Savoie) ; au Bouchet, bassin moyen et inférieur de l'Arve (Payot). Région de Lure de la zone des Oliviers à celle des Hêtres (Renauld).

V. WIMMERIANA. — Indiqué au Chasseron par Lesquereux ; aux Contamines, entre Bellachat et le Brevent, gorges de la Diosaz, mont Joly, vers Mégève (Payot) ; Pelvoux (Boulay).

V. MUCRONATA. — Indiqué aux rochers de la Clusette, Jura, par Lesquereux ; Arenthon (Puget) ; Pied-du-Salève (Guinet) ; signalé au Luc dans la région méditerranéenne.

V. GANDERI. — Découvert sur les bords de l'Ardèche à Vals par M. Philibert.

Boulay en fait une variété du *V. mucronata*.

DICRANOWEISIA

D. COMPACTA. — Nant du Praz (Payot).

Var. *atrovirens*. — Hospice du Simplon (Saint-Lager).

D. CIRRATA. — Indiqué par Payot au chalet des Rochers, à

l'Aiguille de Bochard, à la Crase de Bérard, à Hortaz ; environs de Grenoble (Ravaud) ; le Vigan (Boulay) ; environs de Chambéry (Paris).

D. CRISPULA. — Commun dans toutes les Alpes, spécialement dans la Haute-Savoie : à Sixt (Saint-Lager), au Couvercle et dans tout le massif du mont Blanc (Payot) ; aux monts Voirons, dans la vallée du Reposoir (Guinet), à Loeches-les-Bains; dans la vallée de Zermatt (Saint-Lager) ; dans la vallée de l'Ubaye (Boudeille) ; vallon du Séléon au Pelvoux (Boulay).

Var. *atrata*; au Buet, sous l'Aiguille du Midi, Ilot d'Entre-Porte, Aiguilles-Rouges, lac Cornu, La Flégère, Grands-Mulets (Payot).

D. BRUNTONI. — Assez rare dans les Alpes ; Notre-Dame-des-Neiges, Ardèche ; Saut-du-Gier au Pilat (Debat) ; entre le Bellachat et le Brévent (Payot).

RHABDOWEISIA

R. FUGAX. — Indiqué à Chanrousse par Ravaud ; autour de Chamounix, Nant du Dard, Coupeau, près Sainte-Marie aux Houches (Payot).

R. DENTICULATA. — Indiqué à Prémol par Ravaud, à Saint-Jean Soleymieu par Peyron ; la Sevre, Jura (Millardet) ; hauts plateaux de la Bresse (Pierrat).

CYNODONTIUM

C. GRACILESCENS. — Près le lac d'Allos, Basses-Alpes (Boulay); col de la Fenêtre (de Mercey) ; mont Cenis (Notaris); chalet du Planet, rocher en face Chamounix (Payot).

C. VIRENS. — Assez répandu dans la Haute-Savoie : col de Balme, rigoles du Buet ; de Sainte-Marie à Servoz, près le glacier du Trient (Payot); Pointe-de-Surcou, sous Dine (Guinet) ; dans le Jura, La Vaux, Poita-Raisse près de Fleurier (Lesquereux); au Reculet ; dans les Basses et Hautes-Alpes (Boudeille); à Briançon, à la Fouillouse ; Abriès et Queyras, mont Iseran (Saint-Lager) ; col de la Traversette, col de Ruine (Husnot); au Pelvoux ; dans les environs de Grenoble de la grande à la petite Moucherolle, chalet des Pâtres près le grand Som (Ravaud).

Var. *Walhenbergii*. — Le Bouchet, les Mottets (Payot).

C. POLYCARPUM. — Pilat ; Pelvoux, Alpes de l'Isère ; à

Chamounix, au col des Montets, au col de Balme, à Coupeau, gorges de la Diosaz, au Nant du Dard et des Pélerins, du Greppon, au Cougnon, à Floriaz, mont Lachat, mont de la Côte, La Griaz, la Jorace (Payot); au mont Salève (Guinet); dans la vallée de Zermatt (Saint-Lager).

Var. *strumiferum*. Notre-Dame-des-Neiges, Ardèche (Debat); d'ailleurs souvent mélangé avec le type; le long du Greppon (Payot).

DICHODONTIUM

D. PELLUCIDUM. — A Sainte-Croix (Flagey); à Lavaux (Lesquereux); monts Voirons (Guinet); Aiguille du Midi, col de la Forclaz, rigoles du Buet (Payot); ruisseau des Pourratières (Ravaud).

Var. *fagimontanum*. — A Chamounix (Payot).

TREMATODON

T. AMBIGUUS. — Indiqué dans les Alpes du Dauphiné par Villars; au Bouchet par Payot.

ANGSTRŒMIA

A. LONGIPES. — Val d'Anniviers, Valais (Philibert).

DICRANELLA

D. CRISPA. — Monts Hermante et Pététod (Puget); au pont de Perralotaz, aux Bossons, au Biolet, au Bouchet (Payot); au Buet (Delavay).

D. GREVILLEANA. — Çà et là dans le massif du mont Blanc, col de Balme, mont Joly, sous Sallanches, la Floriaz sous la Flégère (Payot); au-dessus de Fleurier, Jura, (Lesquereux).

D. SCHREBERI. — A Bougis dans le Val de Travers (Lesquereux); bois de la Jorace et près la cascade du Dard (Payot); Domène (Ravaud).

D. SQUARROSA. — Villard-de-Lans, Renage, les Sept-Laux (Ravaud), col des Montets près l'Argentière, Haute-Savoie (Debat); forêt des Pèlerins, rigoles vers Pierre-à-Bérard, mont Vautier, vallée du Bérard, près le col de Balme, sur les Aiguilles-Rouges, mer de glace (Payot).

Var. *frigida*. — Glacier des Pèlerins (Payot).

D. CERVICULATA. — Les Mottets près la Mer-de-Glace, au Bouchet (Payot); assez commun dans le Jura, Tourbières de Brieuze, de Mouthe, de Pontarlier (Renauld et Flagey); Chasseral (Quélet); les Rousses, lac des Rouges-Truites (Boulay).

D. VARIA. — Très commun dans la région méditerranéenne et autour de Lyon sur le dépôt du lehm. Ne s'élève pas beaucoup; rencontré cependant au Pelvoux, mais rabougri (Boulay); à l'Aiguille du Midi, au Bouchet, à Servoz, au Biolet, au pont de Perralotaz, aux Gaillants, col de Balme, bois de la Griaz, de la Côte, vallon des Faux (Payot); au mont Salève (Guinet); dans le haut Bugey; aux environs de Thonon, de Faverges, de Grenoble, Forcalquier, Valsaintes (Renauld).

Var. *tenuifolia*. — Menton.

Var. *callistoma*. — Bords de l'Arve et du Rhône (Guinet).

Var. *elongata*. — Dénommée par nous d'après un échantillon provenant du mont Salève (Guinet).

D. RUFESCENS. — Au pied du Haut-de-Fouilly (Payot).

D. SUBULATA. — Les Contamines (Puget); le col de Balme et généralement tout autour de Chamounix (Payot); les Touches, les Sept-Laux, lac Cœurzet, la Grande-Chartreuse (Ravaud); la Vaux près Fleurier (Lesquereux).

D. HETEROMALLA. — Environs de Lyon à Charbonnières et à Tassin. Plus commun dans les Alpes : environs de Faverges (Chatelain); monts Voirons (Guinet); vallée de Zermatt (Saint-Lager); Aiguille du Midi, montées de Servoz, bois de la Jorace, le Montanvert, au Cougnon, au Bouchet (Payot); les Touches (Ravaud); le Pilat, Planfoy (F. Pacôme).

Var. *stricta*. — Gorges de la Diosaz, le Bouchet (Payot).

D. CURVATA. — Disséminé dans le massif du mont Blanc; le Pendant, la Tappiaz, la Mer-de-Glace, mines de baryte à Servoz (Payot).

ARCTOA

A. FULVELLA. — Fissures de rochers autour du col de Balme (Payot).

A. HYPERBOREA. — Nous rapportons avec doute à cette espèce un échantillon stérile et innommé que nous avons reçu de M. Payot des environs de Chamounix.

DICRANUM

D. Starkii. — Massif du mont Blanc, bois de la Jorace, crase du Praz, Torrent, Aiguilles-Rouges, au Planet, Pierre-à-Bérard, Pormenaz, Crête de Taconnaz, sommet de la Tappiaz (Payot); les Sept-Laux, le mont Viso (Ravaud); le Pelvoux (Boulay).

D. falcatum. — Nous avons déterminé cette espèce sur un échantillon recueilli derrière les Aiguilles-Rouges par M. Payot; elle y est abondante sur tout le revers nord.

D. montanum. — Environs de Chamounix, forêt de la Griaz, de la Jorace, au Planet (Payot); mont Salève (Guinet); Villard de Lans (Ravaud); de Sainte-Croix au Chasseron (Flagey).

D. Blyttii. — Fissures de rochers aux Ressaches d'Argentières sur l'Ognon (Payot).

D. strictum. — A Courmayeur et au Bouchet, bois de la Jorace, au bord de la Mer-de-Glace (Payot); mont Buet (Delavay); environs de Gap (Borel); chaîne de Lure (Boulay et Renauld); Alpes-Maritimes (de Mercey). Près de nos limites à Pierre-sur-Haute (Legrand); à Saint-Jean Soleymieu (Peyron).

D. viride. — Environs de Chamounix, bois de la Jorace (Payot); mont Revaux, Haute-Saône (Renauld); environs de Besançon (Flagey); Pilat (Debat).

D. fulvum. — Très rare dans nos Alpes. Rencontré sur des blocs erratiques au Salève; au Bouchet, à Hortaz (Payot).

D. flagellare. — Environs de Faverges (Chatelain); de Chamounix (Payot); de Bex (Philibert); mont Revaux, Haute-Saône (Renauld); Chamechaude (Ravaud).

D. longifolium. — Les Contamines près Chamounix, bois de la Jorace, sous Montanvert, au Cougnon (Payot); Pilat (Debat).

D. Sauteri. — Bois de la Jorace, au Bouchet (Payot), le Pilat (Frère Pacôme), c'est probablement le *longifolium* cité ci-dessus; Chamechaude (Ravaud); chaîne de Lure (Boulay); Saint-Martin-Lantosque (Philibert); Mont-d'Or dans le Jura (Paillot et Flagey); Alpes de l'Isère (Ravaud).

D. albicans. — Très commun dans le massif du mont Blanc: Chézery, la Tappiaz, la Jorace, Pierre-à-Bérard, Pormenaz, Songeonnaz, Aiguilles-Rouges, Aiguilles du Midi, le Bouchet, Hortaz, autour du Brévent (Payot); chemin de Montanvert (Debat); les Sept-Laux (Ravaud).

Var. *subalpinum*. — Bois de la Jorace, moraine de la Mer de Glace (Payot).

D. FUSCESCENS. — Vallon de Ségure (Husnot); Condamine, Basses-Alpes (Boudeille); mont Sambuy (Chatelain); chalets de la Pendant, Aiguilles du Loriaz, au Montet, la Tête-Noire, col de Balme, Bellachat, le Brévent, etc. (Payot); près la chapelle Saint-Bruno (Ravaud).

Var. *flexicaule*. — Rians; rare dans les Alpes; pied de la Moucherolle (Ravaud).

Var. *longirostre*. — La Jorace (Payot).

D. NEGLECTUM. — Entre le lac Brévent et le lac Cornu, Eau-Noire, vallée de Bérard, col de Balme, lac Blanc (Payot); Pelvoux (Boulay); Jura (Flagey).

D. ELONGATUM. — Chamounix (Payot); le Buet (Delavay); mont Pététod (Puget); pic du Bec (Ravaud).

D. MUHLENBECKII. — Col de Balme (Flagey); Aiguilles-Rouges (Payot); mont Cenis (Bescherelle); mont Méribelle (Puget); pâturages du Credo, du Salève (Guinet); Grandvillard (Boulay); le Queyras, dans la vallée de Molines (Husnot), abondant dans le Jura d'après Schimper.

D. SCOPARIUM. — Très commun dans toutes les zones silvatiques inférieure et moyenne; s'élève jusqu'à la base de la région alpine.

Var. *orthophyllum*. — Pilat (Debat); mont Méribelle (Puget); forêt du mont de la Côte (Payot).

Var. *paludosum*. — Marais de Lossy (Guinet); au Bouchet (Payot).

Var. *compactum*. — Aiguilles-Rouges (Payot).

Var. *juniperinum*. — Au Bouchet (Payot).

D. MAJUS. — Rare dans notre région, aux Montées sous les Chavans (Payot); haut Jura (Flagey); la Vaux près Fleurier (Lesquereux): la Bresse (Mougeot).

D. PALUSTRE. — Disséminé dans les terrains marécageux, nul dans la région méditerranéenne, le Bouchet (Payot). Dispersion mal connue.

D. SCHRADERI. — Le Bouchet, du Montanvert à l'Angle (Payot); monts Voirons, Pringy (Puget); tourbières des Rousses, de Pontarlier et autres, Jura, (Lesquereux, Boulay, Flagey); Prémol (Ravaud); près de nos limites à Saint-Jean Soleymieu dans la Loire (Peyron).

D. UNDULATUM. — Clos des Maristes à Saint-Genis-Laval (Frère Pacôme) ; environs de Faverges (Chatelain) ; mont Blanc (Payot) ; monts Voirons (Puget) ; mont Salève (Guinet) ; Échirolles, Renage (Ravaud) ; Ranchal ; Valsaintes (Renauld) ; Guillestre (Hautes-Alpes) ; le Jura (Flagey) ; près de nos limites dans le Forez (Legrand).

DICRANODONTIUM

D. LONGIROSTRE. — Forêt d'Arvières, Grande-Chartreuse, Pilat (Debat) ; environs de Chamounix, mont Vautier, Servoz, aux Montées, gorges de la Diosaz, Vallorsine, Chésery, Sainte-Marie (Payot) ; Haut-Jura (Flagey).

CAMPYLOPUS

Ce genre est à peine représenté dans notre bassin ; des recherches plus complètes fourniront peut-être des indications nouvelles.

C. FLEXUOSUS. — Indiqué à Chanrousse par Ravaud.

C. FRAGILIS. — L'Esterel (Boulay).

C. POLYTRICHOIDES. — Aux Maurettes (de Mercey) ; l'Esterel, Pont-Saint-Esprit (Boulay) ; Piolenc, Vaucluse (Fabre) ; indiqué au pied de l'Aiguille du Midi par Payot.

C. LONGIPILUS. — Indiqué par Husnot entre Arles et le Tech.

LEUCOBRYUM

L. GLAUCUM. — Commun dans les taillis de Charbonnières, de Dardilly (Debat) ; Chasselay (Fr. Pacôme) ; environs de Thizy ; Sallanches (Guinet) ; forêt des Pitons (Guinet) ; mêmes stations que pour le *Dicranodontium* autour de Chamounix (Payot) ; près Corençon (Ravaud).

FISSIDENS

F. BRYOIDES. — Commun dans la région méditerranéenne et dans les environs de Lyon, dans la zone silvatique et moyenne du bassin ; petit Salève (Guinet) ; vallée inférieure de l'Arve (Payot). Paraît nul dans la région de Lure (Renauld).

F. EXILIS. — Bois de Chalezeule près Besançon, bois à Montferrand (Flagey et Philibert).

F. INCURVUS. — Commun dans la région méditerranéenne ;

Monaco, Hyères, Le Luc ; Saint-Genis-Laval, Rochetaillée (Fr. Pacôme).

F. SUBIMMARGINATUS. — Aix en Provence (Philibert).

F. CRASSIPES. — Assez répandu dans la région méditerranéenne ; vallée inférieure de l'Arve (Payot) ; canal près la cascade de la Fure (Ravaud).

F. DECIPIENS. — Commun dans la région méditerranéenne ; Les Mées, Forcalquier, Peyruis, Niozelles, La Rochegiron (Renauld) ; Quingey, Doubs (Flagey) ; bassin moyen et inférieur de l'Arve (Payot).

F. OSMUNDIOIDES. — Environs de Pringy, Annecy, Thonon (Puget) ; aux Montées, aux Chavans, gorges de la Diosaz, Sainte-Marie (Payot) ; Pelvoux (Boulay) ; marais de Lossy (Guinet) ; haut Jura (Lesquereux).

F. TAXIFOLIUS. — Decines près Lyon (Debat) ; Chaponost (Fr. Pacôme) ; environs de Genève, mont Salève (Guinet) ; bassin inférieur de l'Arve (Payot) ; environs de Clairvaux, de Besançon ; rare dans la région méditerranéenne ; Naves (Fr. Pacôme).

F. ADIANTOIDES. — Environs de Lyon, d'Allevard (Debat) ; Rians (Fr. Pacôme) ; les Vans, Chambonas, Ardèche ; Pringy (Pugey) ; mont Salève (Guinet) ; gorges de la Diosaz, Tête-Noire, mont Vautier, Servoz, Sainte-Marie, le Chatelard (Payot) ; très rare dans la région méditerranéenne.

F. RUFULUS. — Saint-Loup, Bouches-du-Rhône (Taxis).

F. SERRULATUS. — L'Esterel près de Trayas (Philibert).

F. GRANDIFRONS. — Dans la Vis près de Ganges, Hérault (Boulay) ; Fontaine de Vaucluse (Requiem).

F. BAMBERGERI. — Fréjus (Boulay) ; vallon Saint-Pons (Taxis) ; Solliès-Pont près d'Hyères (Schimper).

F. PUSILLUS. — Bois de Chalezeule près Besançon (Philibert).

CONOMITRIUM

C. JULIANUM. — Assez commun dans la région méditerranéenne, les Maures, environs d'Antibes, du Luc, de Nîmes, d'Avignon ; gorges d'Ollioules (Roux).

SELIGERIA

S. PUSILLA. — Disséminé çà et là aux environs de Lyon, dans l'Isère, dans les Hautes et Basses-Alpes, Forcalquier, Banon, la Rochegiron (Renauld) ; à Manosque, à Cassis ; près de Digne ; au Vigan ; dans le Jura ; au bois d'Yves et à Saint-Martin ; Haute-Savoie.

Var. *intermedia*, le Salève (Reuter).

Var. *acutifolia*, Nice (Lacroix).

S. CALCAREA. — Très rare dans notre bassin ; à rechercher sur les rochers de craie. Bois de Chalezeule à Besançon (Philibert).

S. TRISTICHA. — Poita-Raisse près de Fleurier, Beauregard, près du Chasseron (Lesquereux) ; Blegiers, Basses-Alpes (Boulay et Philibert); Saint-Baume (Boulay); Gières (Therry); Saint-Claude (Boulay) ; gorges d'Engins, Renage (Ravaud) ; cascade à Beure (Paillot).

S. RECURVATA. — Pringy, Thonon (Puget); Parménie (Ravaud) ; Lachal, Englaunaz (Chatelain) ; Brézon près Genève, monts Voirons (Guinet) ; Beure près Besançon (Flagey); Fouvent-le-Haut (Renauld) ; bois de Chalezeule (Philibert) ; assez répandu dans le Jura ; tout le bassin de l'Arve (Payot).

S. ERECTA. — (Var. du *recurvata* suivant Boulay. Bex, canton de Vaud (Philibert).

ANODUS

A. DONIANUS. — Alluvions à Saint-Martin (Müller d'après Payot); Montferrand (Philibert).

BLINDIA

B. ACUTA. — Assez commun dans nos Alpes : col de Bérard ; les Mottets ; bois Magnin, Nant-Profond, bois vers le glacier du Bossons, mont du Dard, chalets de la Balme (Payot) ; Oz en Oisans, Belledonne, Prémol, le Pelvoux, montagnes du Forez près de nos limites.

Var. *breviseta*. — Prémol; glacier des Bossons, aux Montées, gorges de la Diosaz (Payot).

Var. *elongata*. — Environs de Chamounix, la Jorace, le Montanvert, Pierre-à-Bérard (Payot).

BRACHYODUS

B. TRICHODES. — Indiqué près de nos limites à Saint-Jean Soleymieu, par Peyron ; au Couvercle et au ravin des Plans, par Payot.

CAMPYLOSTELIUM

C. SAXICOLA. — Pentes du Grand-Ravin aux Plans (Payot).

CERATODON

C. PURPUREUS. — Très commun dans tout le bassin sauf dans la région méditerranéenne, où il est rare. Les Maures, Valsaintes, chaîne de Lure, mais peu commun (Renauld) ; nous l'avons rencontré dans tous les envois provenant des départements voisins, Ain, Isère, Savoie, Haute-Savoie ; environs de Besançon (Flagey) ; excessivement commun aux environs de Lyon.

Forma brevicaulis, Pilat, Planfoy (Fr. Pacôme).

C. CORSICUS. — Assez répandu dans la région méditerranéenne ; les Maures, le Luc (Goulard) ; Saints-Daumas (Frère Pacôme) ; environs d'Antibes (abbé Boullu).

C. CHLOROPUS. — Même dispersion que le précédent : cap d'Antibes, l'Esterel, Marseille (Boulay) ; Hyères (De Mercey) ; Aix (Philibert) ; la Costières, près Nîmes (Boulay).

TRICHODON

T. CYLINDRICUS. — Nous l'avons déterminé sur un échantillon envoyé par Payot des environs de Chamounix, bois de la Jorace ; val d'Anniviers, Valais (Philibert).

LEPTORICHUM

L. TORTILE. — La Vracone, Jura (Lesquereux) ; les Varrants, près Villard de Lans (Ravaud) ; forêt de Griaz, aux Houches, aux Thynes, au Bouchet, aux Montées, au Cougnon (Payot).

L. HOMOMALLUM. — Disséminé dans les zones silvatiques moyenne et subalpine ; la Griaz, les Chavants, les Montées, le Bouchet, Tête-Rouge, Vallorsine (Payot) ; Pilat (Debat).

L. FLEXICAULE. — Très répandu dans les montagnes jurassiques. Tout le Jura (Flagey) ; route de Tenay à Hauteville et en général le Haut-Bugey (Debat) ; Saint-Romain-au-Mont-d'Or, Rhône ; Saint-Nizier, Isère (Boudeille) ; Villard de Lans (Ravaud) ; Saint-Péray ; Condamine et vallée de l'Ubaye (Boudeille) ; vallée du Reposoir (Guinet) ; Saint-Cergue, canton de Vaud ; aux Montées, aux Chavans, Aiguilles-Rouges, au-dessous du Brévent, mont Vautier, Bouchet, Tête-Noire, la

Diosaz, les Ressaches (Payot). Les Mées, Forcalquier, Peyruis, Banon, La Rochegiron, Valsaintes, chaîne de Lure (Renauld); Saint-Paul-Trois-Châteaux, Nantua, Saint-Genis-Laval (Frère Pacôme).

Var. *densum*. — Environs d'Annecy; Rians (Fr. Pacôme).

L. SUBULATUM. — Çà et là dans la région méditerranéenne; Hyères (De Mercey); Cannes (Schimper).

L. PALLIDUM. — Assez commun dans la Franche-Comté, descend jusqu'à Lyon où nous l'avons découvert à Charbonnières; marais de Saône (Flagey); Jussey (Madiot); vallée de l'Ognon, Besançon (Renauld); Villard de Laus (Ravaud); Roc de Chères, vers le lac d'Annecy (Chatelain).

L. GLAUCESCENS. — Sommet du Chasseron (Lesquereux); Lachal près Faverges (Chatelain); disséminé sur plusieurs points de la chaîne alpine; le long de l'Arve, Perralottaz, Sainte-Marie, les Montées, Aiguille à Bochard, le Chapeau, gorges de la Diosaz, etc. (Payot); la Moucherolle (Ravaud); vallon du Séléon, au Pelvoux (Boulay).

DISTICHIUM

D. CAPILLACEUM. — Répandu dans nos chaînes alpines, descend quelquefois à un niveau inférieur, bords du Drac (Ravaud); le Pelvoux, la Vachière (Boulay); mont Ventoux, chaîne de Lure, revers nord (Renauld); haute vallée de l'Ubaye (Boudeille); la Salette, Grande-Chartreuse, chalet des Pâtres près le Grand-Som (Ravaud); Bourg d'Oisans, environs de Faverges, mont Sambuy (Chatelain); mont Méry, mont Billiat, mont Salève, vallée du Reposoir (Guinet); la combe de Villette, près Bramans, Beaufort, Tignes, en Savoie (Saint-Lager); le Reculet, la Faucille (Guinet); le Chasseron (Flagey); glacier des Pèlerins; aux Gaillands, bois Magnin, au Cougnon, Tête-Noire, Pierre-à-Bérard, chalet de la Pendant, gorges de la Diosaz, Aiguilles-Rouges, Mer-de-Glace, Grands-Mulets, (Payot); vallée du Doubs (Boulay).

Var. *brevifolium*. — Pierre-à-Bérard, Aiguilles-Rouges (Payot); la Moucherolle (Ravaud).

Var. *tenue*. — Vallée de Bérard (Payot).

D. INCLINATUM. — Mont Cenis (Bescherelle); Villard d'Arène (Ravaud); la Grave (Mougeot); Serennes, vallée de l'Ubaye (Boudeille); mont du Grandvillars, le Queyras, chaîne de Lure, versant nord (Renauld); le Chassezac, le Chasseron, Creux-du-Vent (Lesquereux); le Suchet (Boulay); le Reculet (Reuter); Aiguilles-Rouges, col de Balme (Payot).

POTTIA

P. CAVIFOLIA. — Commun dans la région méditerranéenne, Rians, Beaulieu, Ardèche (Fr. Pacôme); Villard de Lans, Roche-Pointue (Ravaud); Saint-Paul, haute vallée de l'Ubaye (Boudeille); bassin inférieur de l'Arve (Payot); les Mées, entre Banon et Simiane (Renauld).

Var. *incana*. — Le Rians, Faverges (Chatelain).

P. MINUTULA. — Répandu dans la région méditerranéenne, assez commun autour de Lyon sur les talus; Gaillard (Haute-Savoie); bords de l'Arve à Bonneville (Payot).

P. TRUNCATA. — Assez commun dans nos environs où il est en société du précédent dans la zone silvatique inférieure et moyenne, atteint la zone sous-alpine; rare dans la région méditerranéenne, les Mées (Renauld); répandu autour de Chamounix (Payot).

P. LANCEOLATA. — La plus commune des espèces du genre. Très fréquent dans la région méditerranéenne et dans nos environs; environs de Genève (Guinet); Aizery (Haute-Savoie); vallée de l'Ubaye (Boudeille); les Mées, Forcalquier, Ongles (Renauld).

Var. *leucodonta*. — Hyères (De Mercey), érigé en sous-espèce par Boulay.

P. STARKEANA. — Très commun dans la région méditerranéenne; dispersion mal connue dans le reste du bassin.

P. CAESPITOSA. — Environs de Nîmes (Boulay).

P. LATIFOLIA. — Grandvillars (Boulay); le Chasseron (Lesquereux); Sainte-Croix (Flagey); la Dôle (Guinet); Lautaret (Mougeot); mont Cenis (Bescherelle); col de Bérard et de Salenton (Payot).

Var. *glacialis*. — Col de la Traversette (Husnot).

Var. *pilifera*. — Col de Bérard, Aiguilles-Rouges (Payot); mont Cenis.

Var. *Boudeillii*. — Saint-Ours, haute vallée de l'Ubaye (Boudeille).

(Dans cette dernière variété, la côte au lieu d'être évanouissante se prolonge au moins chez les feuilles supérieures en un long poil assez raide à la base puis flexueux ; induit en erreur par ce caractère, nous avions cru reconnaître le *Desmatodon systilius*, alors que nous ne connaissions encore ni l'une ni l'autre espèce).

DIDYMODON

D. RUBELLUS. — Très répandu autour de Lyon, surtout sur les enduits calcaires des murs, notamment aux Étroits et stations analogues, près Lyon (Debat); environs de Genève, mont Salève, mont Voirons, vallée du Reposoir (Guinet); Roche de Berland, Isère (Boudeille) ; Villard de Lans (Ravaud) ; Sixt; Faverges; alluvions de l'Arve, l'Argentière, bois Magnin, Pont de Peralottaz, le Bouchet, Hortaz, etc. (Payot); les Mées, Forcalquier, Banon, la Rochegiron, chaîne de Lure (Renauld) ; le Pelvoux (Boulay); Rians (Fr. Pacôme); et dans une foule de localités du bassin.

D. LURIDUS. — Plus répandu que le précédent dans la région méditerranéenne; le Cannet, Forcalquier, Saint-Michel, mais rare (Renauld); çà et là dans la Haute-Savoie; nous l'avons rencontré aux Étroits, près Lyon, où il est rare.

D. FLEXIFOLIUS. — Indiqué près de Villard de Lans par Ravaud à la Tancanière.

D. RUFUS. — Nous avons reconnu cette espèce nouvelle pour notre bassin dans une Mousse recueillie aux Aiguilles-Rouges, par M. Payot.

D. CYLINDRICUS. — Notre-Dame de la Gorge, vallée de Montjoie (Payot).

D. ALPIGENUS. — Aiguille à Bochard, le Chapeau (Payot).

D. RUBER. — Espèce récemment découverte par Juratzka et rencontrée par M. Philibert près Louëche-les-Bains, rochers aux gorges du Pas-du-Loup.

TRICHOSTOMUM

T. TOPHACEUM. — Très commun dans la région méditerranéenne; le Cannet, Rians, Aix en Provence, les Vans, Monaco, Forcalquier, Pierrerue, revers sud de Lure (Renauld) ; environs de Genève (Guinet); nous l'avons découvert dans plusieurs stations autour de Lyon, Chasselay, les Étroits, Saint-Genis-Laval, Saint-Germain-au-Mont-d'Or ; disséminé dans la chaîne du mont Blanc et dans le bassin de l'Arve ; la grande fabrique près Renage (Ravaud).

Var. *brevifolium.* — Route de Rives, à Moirans (Ravaud).

T. BARBULA. — Plaine d'Hyères, les Maurettes (De Mercey); Vigan (Anthouard).

T. ANOMALUM. — Bords de l'Hérault (Philibert); près le Vigan (Anthouard).

T. FLAVO-VIRENS. — Commun dans la région méditerranéenne; Cannes, Pipières, Carsès; Montredon près Marseille (Jordan); Cassis (Goulard); Hyères (De Mercey); le Bard, la Ciotat (Frère Pacôme); Esterel, Nîmes, Beaucaire, bords du Gardon (Boulay).

T. MUTABILE. — Disséminé dans la région méditerranéenne; Forcalquier, Niozelles, revers sud de Lure (Renauld).

T. CRISPULUM. — Très commun dans la région méditerranéenne; les Mées, Forcalquier, Valsaintes, revers nord de Lure (Renauld); sous la Floriaz, la Flégère (Payot); bords du Drac (Ravaud); Besançon (Renauld).

T. TRIUMPHANS. — Cassis et Saint-Menet (Goulard).

T. PHILIBERTI. — Environs d'Aix en Provence (Philibert).

T. MONSPELIENSE. — Découvert près Montpellier par M. Philibert; ancien bassin d'épuration des eaux de la Durance près Marseille (Boulay).

T. NITIDUM. — Indiqué à Orange (Fabre); Ile Sainte-Marguerite, près Cannes, Alpes Maritimes; dans l'Hérault (De Mercey).

DESMATODON

D. LATIFOLIUS. — Grandvillars, Pelvoux (Boulay); vallon de Moulines et de Ségure (Husnot); vallée de l'Ubaye (Boudeille); le Chasseron, le Chasseral, col de Balme. Assez répandu dans toutes nos Alpes où domine toutefois la var. suivante:

Var. *glacialis.* — M. Jovet, îlot d'Entre-Porte, Becs-Rouges, glacier du Tour, crase de Bérard, le Brévent, Carlaveyron, Aiguilles-Rouges (Payot); col de la Traversette (Husnot).

Var. *longifolium,* près les chalets de la Balme (Payot).

Var. *brevicaulis.* — La Moucherolle, Chamechaude (Ravaud).

D. CERNUUS. — Vallée d'Aoste sur le versant méridional du Saint-Bernard (Boulay).

LEPTOBARBULA

L. BERICA. — Saint-Cassien (Schimper); Cannes (Philibert); le Luc (Hanry); près Aix (Philibert).

BARBULA

B. brevirostris. — Signalé au mont Cenis par Reuter.

B. rigida. — Environs de Thonon. Indiqué dans la Savoie; bassin inférieur de l'Arve (Payot).

B. ambigua. — Commun dans la région méditerranéenne et dans la zone silvatique inférieure; Niozelles, Forcalquier, mont Salier (Renauld); très répandu aux environs de Lyon, de Grenoble, de Genève.

B. aloides. — Très commun dans la région méditerranéenne, s'élève peu au nord. Aix en Provence, les Mées, Forcalquier, Niozelles, mont Salier (Renauld); Rians, Saint-Étienne-de-Fontbellon (Fr. Pacôme); Aubenas, bassin inférieur de l'Arve (Payot); indiqué à Trévoux par Fr. Pacôme, station douteuse.

B. membranifolia. — Très commun dans la région méditerranéenne; le Luc, Aix en Provence, les Vans, l'Argentière, Rians, Saint-Maurin (Fr. Pacôme); Romans, les Mées, Forcalquier, Banon (Renauld); nous l'avons retrouvé dans une foule de stations autour de Lyon, où il a été signalé pour la première fois par M. Saint-Lager, mais toujours sur le conglomérat alpin à ciment calcaire, vallon de Sathonay, la Pape, tout le long de la Balme bressane, Charbonnières, Jonage; environs de Bonneville (Payot).

Var. *laevipila*. — Environs de Grenoble.

Var. *grisea*. — (Érigée en sous-espèce par Boulay). Le Luc (Hanry); Pont de la Dranse, à Thonon (Puget); bois de la Bâtie près Genève (Guinet).

B. chloronotos. — Répandu dans la région méditerranéenne; Aix en Provence (Philibert); environs de Nîmes, de Beaucaire (Boulay); environs de Montpellier, mais rare (De Mercey).

B. atrovirens. — Commun dans la région méditerranéenne; Aix en Provence, le Luc, Collobrières. Devient rare plus au nord dans notre bassin.

B. revolvens. — Aix en Provence (Philibert; Montpellier (De Mercey).

B. guepini. — Hyères (De Mercey); près le Vigan (Anthouard).

B. rigidula. — Assez répandu dans le Jura et dans les Alpes; mont Salève, bords du Rhône, près Genève (Guinet); fort des Quatre-Seigneurs, à Grenoble (Boudeille); mont Vautier, sur Servoz (Payot); Allevard (Debat).

Var. *densa*. — Au Cougnon, Argentières, Pont de Peralottaz (Payot); bords de la Fure, près les forges d'Alivet, la Tancanière, cascade de Bréduire (Ravaud); vallée du Doubs et de la Loue (Renauld).

B. CUNEIFOLIA. — Répandu dans la région méditerranéenne; Pierrefeu, les Mayons (Fr. Pacôme); ne paraît pas remonter au nord.

B. ICMADOPHYLLA. — Signalé dans le massif du mont Blanc, vallée de Montjoie, aux Contamines, par Payot.

B. WAHLIANA. — Çà et là dans la région méditerranéenne; près Marseille (Sarrast-Geneste); Aix en Provence (Philibert).

B. MARGINATA. — Assez commun dans la région méditerranéenne; Montagne-Noire (Sarrast-Geneste); Hyères (De Mercey, Schimper); l'Esterel (Boulay); près le Vigan (Tueskievicz).

B. MURALIS. — Excessivement répandu dans la partie moyenne et supérieure du bassin; depuis la zone des Oliviers jusqu'à la haute chaîne de Lure (Renauld); autour de Lyon, de Genève, dans la Haute-Savoie; s'élève assez haut; mont Salève, Condamine (Basses-Alpes).

Var. *rupestris*. — Route de Tenay à Hauteville (Debat); bassin inférieur de l'Arve, au Piolet, Hortaz (Payot).

Var. *aestiva*. — Saint-Paul-Trois-Chateaux, environs de Grenoble (Boudeille).

Var. *obcordata*. — Environs de Grenoble (Debat).

B. UNGUICULATA. — Aussi commun que le précédent dans tout le bassin; s'élève peu dans les montagnes; nous l'avons du mont Salève; les Mées, Forcalquier, mont Salier (Renauld); le Luc, les Maures (Fr. Pacôme).

Var. *apiculata*. — Environs d'Annecy (Debat); de Chamounix (Payot).

Var. *angustifolia*. — Saint-Ismier (Isère); Haute-Savoie.

Var. *fastigiata*. — Saint-Ferréol, près Faverges (Debat).

B. FALLAX. — Assez répandu dans toute la zone silvatique inférieure et moyenne du bassin; mais moins que le précédent.

Sur divers points du massif du mont Blanc, bords de l'Arve, Pont de Peralottaz, aux Gaillants, à Saint-Gervais (Payot); aux environs de Genève, au mont Salève et aux monts Voirons (Guinet), aux environs de Faverges (Chatelain); Herbeys près Grenoble (Boudeille); Forcalquier, les Mées, Valsaintes (Renauld);

Fouvent, mont Le Vernois, Grattery, Larret, toute la vallée du Doubs (Renauld).

Var. *brevicaulis*. — Çà et là avec le type, mais rare.

B. RECURVIFOLIA. — Peu commun dans notre bassin. Environs de Besançon (Flagey); Grattery, Baumotte (Renauld); bords du Rhône à Saint-Georges, de l'Arve près Genève (Guinet).

B. VINEALIS. — Commun dans la région méditerranéenne; Aix en Provence (Philibert); Les Mées, Niozelles, abondant entre Forcalquier et Saint-Michel, Fouvent, Haute-Saône, Besançon (Renauld); environs de Genève (Rome); à rechercher aux environs de Lyon où nous ne l'avons pas rencontré. Vallon de la Combe (Payot).

B. CYLINDRICA. — Répandu dans la région méditerranéenne où il est souvent associé au précédent dont, suivant Boulay, il ne serait qu'une variété; revers nord de Lure (Renauld).

B. GRACILIS. — Répandu dans la région méditerranéenne; Montpellier (Schimper); Hyères (de Mercey); Rians (Fr. Pacôme); environs de Besançon (Renauld et Paillot) (1); mont d'Or près Lyon, mais très rare (Debat); bassin inférieur de l'Arve (Payot).

B. HORNSCHUCHIANA. — Çà et là dans la région méditerranéenne; Sassenage (Ravaud); indiqué près Lyon (Jordan). Nous ne l'avons pas rencontré.

B. PALUDOSA. — Prémol, Taillefer (Ravaud); Haute-Savoie, Saint-Claude (Boulay); Sainte-Croix, Poita-Reisa (Lesquereux); crête de Fleurey (Quélet).

Var. *integrifolia*. — Nous avons créé cette variété sur un échantillon provenant de Faverges (Chatelain).

B. REVOLUTA. — Assez commun dans la région méditerranéenne; Bourg-de-Péage, Isère; environs de Genève; rare près Besançon (Flagey); très abondant dans le Mont-d'Or lyonnais (Debat).

B. CONVOLUTA. — Bugey (Debat); Faverges (Chatelain); bords de l'Arve, petit Salève (Guinet); Pont de Peralottaz (Payot); les Mées, revers sud de la chaîne de Lure (Renauld); au pied des Maures, le Luc, le Cannet (Fr. Pacôme).

B. COMMUTATA. Nous avons reconnu cette espèce nouvelle pour la région sur un échantillon recueilli au petit Salève par M. Guinet. [C'est le *Trichostomum undatum* du Synopsis.]

---

(1) C'est, d'après Husnot, la var. *viridis*.

B. CAESPITOSA. — Répandu dans la région méditerranéenne au-dessus de laquelle il ne paraît pas beaucoup s'élever. Montredon (Sarrat-Geneste) ; Cassis (Boulay) ; Aix en Provence (Philibert) ; Rians, Hyères (de Mercey) ; le Luc (Hanry) ; les Mées près Forcalquier, partie inférieure de la chaîne de Lure (Renauld) ; Saint-Baume (Boulay).

B. INCLINATA. — Rare dans la région méditerranéenne ; très répandu dans le Jura et le Haut-Bugey (Debat) ; Faverges (Chatelain) ; petit Salève, bords de l'Arve (Guinet); environs de Besançon (Flagey) ; alluvions de l'Arve, plaine de Passy, pont de la Carbottaz (Payot) ; découvert par M. Saint-Lager près de Lyon dans le vallon de la Cadette où il forme un tapis assez étendu et serré ; la Tancanière (Ravaud) ; région des oliviers à Lure, Banon (Renauld); les Vans, à Gravière (Fr. Pacôme).

B. TORTUOSA. — Mêmes stations que le précédent, mais, en général, plus commun : Ilot d'Entre-Porte, le Couvercle, la Blaitière, Servoz, bois de Joux, le Coupeau, col de Balme, le Brévent, les Montées, gorges de la Diosaz (Payot); Sous-Dine, mont Salève (Guinet) ; Condamine et vallée de l'Ubaye (Boudeille) ; environs de Faverges (Chatelain) ; d'Allevard (Debat) ; de Grenoble, forêt du bois Rolland (Ravaud) ; très commun dans tout le Jura ; Grande-Chartreuse, route de Tenay à Hauteville ; Charabotte; mont d'Ain (Debat) ; environs de Gex ; le Reculet ; mont d'Or dans le Doubs (Flagey); les Mées, Forcalquier, Niozelles, Saint-Michel, Banon, la Rochegiron, chaîne de Lure (Renauld).

Var. *fragilifolia*. — Région méditerranéenne; Rians, Les Aiguilles-Rouges et le col de Balme (Payot).

Var. *rigida*. — Chalets d'Arlevé (Payot).

B. SQUARROSA. — Très commun dans la région méditerranéenne; Aix en Provence ; Rians; environs de Marseille, Mirabeau, les Mées, Valsaintes (Renauld) ; Montpellier (Schimper) ; n'avait pas été signalé dans la partie moyenne de notre bassin lorsque nous l'avons découvert dans le vallon de la Cadette près Lyon, tout à côté la station du *B. inclinata;* Chaponost (Fr. Pacôme) ; près Renage (Ravaud); Besançon (Paillot); Baumotte-les-Pins, Grattery (Renauld); vallée de la Loue (Flagey).

B. OBTUSIFOLIA. — Murs de l'hospice du petit Saint-Bernard (Philibert); (c'est la var. *brevifolia*).

Le type indiqué au mont Cenis par Reuter.

B. sinuosa. — Col de Balme (Payot).

B. papillosa. — Parc d'Alivet près Sassenage (Ravaud); Forcalquier (Renauld); clos des Maristes à Saint-Genis-Laval, sur un Cerisier (Fr. Pacôme).

B. Brebissonii. Commun dans la région méditerranéenne; Hyères, le Luc; vallée du Doubs (Flagey); l'Argentière, les Vans, Navas (Fr. Pacôme).

B. subulata. — Répandu dans la zone silvatique autour de Lyon, de Grenoble, dans la Haute-Savoie, Sallanches; aux Montées, gorges de la Diosaz, mont de la Côte, Argentière, au Bouchet (Payot); les Mées, Forcalquier, Saint-Michel, Niozelles, Peyruis. Simiane, Basson, la Rochegiron, chaîne de Lure (Renauld).

Var. *dentata*. Ravin de Nants (Payot).

B. inermis. — Commun dans la région méditerranéenne; Aix en Provence; Rians; Toulon; Rians, Mirabel, Gravières (Fr. Pacôme); environs de Grenoble, de Faverges, de Gap; en général disséminé dans les Hautes-Alpes, mais nulle part très abondant; les Mées (Renauld).

B. ruralis. — Assez répandu dans la région méditerranéenne; environs de Lyon; Pilat; vallée de l'Ubaye (Boudeille); diverses localités autour de Genève et dans la Haute-Savoie); aux Montées, gros Béchard, montagne de Lans, au Planet, aux Gaillants, au Biolet, col de Bérard, col de Balme, etc. (Payot); Sous-Dine, mont Salève (Guinet); Repenti près le Luc; Villard de Lans; les Mées, Forcalquier, Valsaintes, chaîne de Lure (Renauld); Rians (Fr. Pâcome).

Var. *rupestris*. — Rians, le Luc, le mont Toux près Lyon (Fr. Pacôme).

B. ruraliformis. — Disséminé dans le bassin et mélangé avec le précédent dont il n'est peut-être qu'une variété. Plus fréquent que le *B. ruralis* dans la région méditerranéenne; Serennes, dans la vallée de l'Ubaye (Boudeille); chaîne de Lure (Renauld); environs de Besançon (Flagey); nous ne l'avons pas rencontré autour de Lyon où croît abondamment le *B. ruralis*; signalé cependant à Saint-Genis-Laval et à Chaponost par Fr. Pacôme; ces stations nous semblent douteuses.

B. mucronifolia. — Pont de Cours à Chamounix; pont de Peralottaz, alluvions à l'Argentière, au Biolet (Payot); Pointe d'Anday (Guinet); Colombier; Allos, Basses-Alpes (Boulay);

abondant dans la vallée de l'Ubaye (Boudeille); Chasseron, Suchet (Flagey); le Reculet (Reuter); Villard de Lans (Ravaud).

B. ALPINA. — Saint-Martin-Lantosque (Philibert); descente des 52 tournants à Vernayaz (Debat).

B. LAEVIPILA. — Commun dans la région méditerranéenne; Aix en Provence (Philibert); les Mées, Forcalquier, revers sud de Lure (Renauld); le Luc (Fr. Pacôme); environs de Grenoble; environs de Lyon, mais rare et surtout sur les Peupliers et les vieux Saules (Debat); Saint-Genis-Laval, Chaponost (Fr. Pacôme).

B. LATIFOLIA. — Montferrand, Rancenay sur Peupliers, Doubs, (Flagey): Fouvent-le-Haut, Saint-Andoche, Vaivre (Renauld).

B. ACIPHYLLA. — Mont Fully, mont Salève, mont Billiat (Guinet); mont Chétif à Courmayeur, sommet des Aiguilles à Arlevé (Payot); mont Meribelle (Puget); mont Cenis (Bonjean); vallon d'Ardran au Reculet, le Colombier (Flagey); grands sommets du Jura (Schimper et Flagey); vallée de l'Ubaye (Boudeille); Pelvoux, le Suchet (Boulay); le Queyras (Husnot); petite Moucherolle, Villard de Lans, Villard d'Arène, Grande-Chartreuse (Ravaud).

B. INTERMEDIA. — Çà et là dans la région méditerranéenne; environs de Montpellier (de Mercey); de Genève (Guinet et Rome); bassin inférieur de l'Arve (Payot); calcaires de la Haute-Saône et du Doubs (Renauld).

Var. *calva*. Saint-Claude près Besançon (Flagey).

B. PULVINATA. — Chaîne de Lure (Renauld); vallée de l'Ubaye (Boudeille); rare. Promenade de Granvelle à Besançon (Flagey).

B. MÜLLERI. — Répandu dans la région méditerranéenne; le Luc (Hanry); Hyères (De Mercey); Sainte-Baume (Philibert); les Maures, Rognac (Boulay); près le Vigan (Tuczkievictz).

GEHEEBIA

G. CATARACTARUM. — Gorges de la Diosaz (Payot).

CINCLIDOTUS

C. RIPARIUS. — Çà et là dans la région méditerranéenne; massif des Oiseaux près Hyères (De Mercey); bords du Gardon (Boulay); Villard de Lans, cascade de Bréduire (Ravaud); Pizançon, Drôme, bords du Rhône (Frère Pacôme); cascade de la

Pisse au Pelvoux (Boulay) ; cascade de Beure (Paillot) ; Doubs (Flagey) ; torrent du lac Blanc, aux Chezerys (Payot) ; environs de Genève (Muller).

C. FONTINALOIDES. — Très répandu sur les rochers et pierres calcaires, dans la zone inférieure ; s'élève peu. Hyères, Grasse, Rians, au Sambuc, Chassagne (Fr. Pacôme) ; Lyon sur les bords de la Saône aux Étroits, sur les blocs de conglomérat ; rives de l'Albarine (Debat) ; Villard de Lans (Ravaud) ; pied du mont Billiat (Guinet), bassin inférieur de l'Arve (Payot) ; bords de la Bléone, mais rare (Renauld).

Var. *laxa*. — Fontaine de Saint-André-de-Cruzière (Frère Pacôme).

C. AQUATICUS. — Commun dans le Jura, Grande-Chartreuse, Renage, gorges d'Engins, Villard de Lans, cascade de Bréduire, forges d'Alivet (Ravaud) ; torrent de Montrain près Faverges (Chatelain) ; Cuves de Sassenage (Debat) ; Fontaine de Vaucluse, de la Siagre, de Noiraigues, de Sainte-Baume, Arcier (Paillot) ; Laissey (Renauld et Paillot).

GRIMMIA

G. SPHÆRICA. — Vallée de Zermatt ; Lautaret (Mougeot).

G. CONFERTA. — Vallée de Zermatt, Aiguilles-du-Midi, rochers des Posettes, col de Balme (Payot) ; chalet d'Ailefroide au Pelvoux (Husnot).

G. APOCARPA. — Très commun dans tout le bassin ; environs de Lyon, de Chamounix, d'Allevard ; la Faucille, le mont Salève, mont Billiat, environs de Genève (Guinet) ; Rians, Ars, région des Oliviers à Lure, remonte très haut dans la chaîne (Renauld).

Var. *gracilis*. — Grande-Chartreuse, les Montées (Payot).

Var. *alpicola*. — Le Couvercle, Aiguilles-Rouges (Payot) ; vallée de l'Ubaye (Boudeille).

Var. *robusta*. — Aiguilles-Rouges (Payot).

G. ANODON. — Disséminé dans les Alpes ; Condamine, vallée de l'Ubaye (Boudeille) ; Villard de Lans, la Tancanière, Roche-Pointue (Ravaud), Pelvoux, Grandvillars, au-dessus d'Allos (Boulay) ; le Queyras (Husnot) ; montées de Servoz et la Tappiaz (Payot) ; les Contamines (Muller) ; remparts à Genève (Reuter) ; au-dessus de Zermatt (Husnot).

G. CRINITA. — Assez répandu dans la région méditerranéenne ; Aix en Provence (Philibert) ; les Mées, Forcalquier,

Pierrerue (Renauld); Bourg le Péage; environs de Lyon et de Genève, bassin inférieur de l'Arve, Besançon, Montferrand, etc. (il ne s'y rencontre guère que çà et là sur les enduits à la chaux ou sur le mortier des murs).

Var. *elongata*. — Aix en Provence, Montpellier; vallée de l'Ubaye (Boudeille); Reculet (Guinet).

G. ORBICULARIS. — Très commun dans la région méditerranéenne; Aix en Provence (Philibert); Collobrières; route de Grenoble à Sassenage, la Tancanière (Ravaud); citadelle de Besançon (Flagey); Vallorsine et bassin de l'Arve (Payot); les Mées, Forcalquier, Peyruis, Niozelles, Valsaintes, Banon, la Rochegiron, haut revers sud de Lure (Renauld).

(M. Philibert a découvert près d'Aix une hybride de cette espèce avec la *G. tergestina*; il l'a désignée sous le nom de *G. orbicuiari-tergestina*).

G. PULVINATA. — Commun dans la région méditerranéenne; région des Oliviers à Lure (Renauld); plus répandu encore dans la zone moyenne du bassin, aux environs de Lyon, de Genève, mont Salève, monts Voirons, bassin inférieur de l'Arve, Doubs.

Var. *obtusa*. — Bords du Garon à Brignais.

Var. *longipila*. — Laissey (Flagey); Rians (Fr. Pacôme); citadelle de Grenoble (Boudeille).

G. APICULATA. — Le Couvercle, moraines de la Mer-de-Glace, Pierre-à-Bérard, Aiguilles-Rouges (Payot); en général les sommités alpines.

G. SCHULTZII (*decipiens* de Boulay). — Granites roulés du Jura (Lesquereux); Petit-Salève (Guinet); de Sallanches à Servoz (Rose); blocs à Tête-Noire (Payot); Malleval près Pellusin (Boullu); Notre-Dame des Neiges; près du Vigan; sur un bloc de quarzite de Saint-Genis-Laval à Chaponost (Debat).

G. CONTORTA. — Répandu dans le massif du mont Blanc; glacier de Maupas, du Trient, la Tappiaz, Aiguilles-Rouges, le Brévent, col de Bérard, Mer-de-Glace (Payot); lac Luitel en Oisans (Ravaud); sommet du Pilat (Fr. Pacôme).

G. TORQUATA. — Aiguilles-Rouges, Nant-des-Praz, couloir de Taconnaz, glacier du Trient, Aiguille-à-Bochard, la Griaz, col de Salenton, Crase-à-Bérard, etc. (Payot).

G. FUNALIS. — Assez répandu dans le massif du mont Blanc, la Flégère, la Glière, à Lognàn (Payot); lac Cœurzet (Ravaud).

Var. *cernua*. — Aiguilles de la Glière (Payot).

Var. *robusta*. — La Glière, la Mer-de-Glace, col de Bérard, mont de la Côte, le Bouchet, les Pèlerins, le Brévent, Aiguille-à-Bochard, Hortaz, la Jorace, Montanvert (Payot).

G. Muhlenbeckii. — Notre-Dame de la Gorge, et divers points dans le massif du mont Blanc, les Bossons, le Brévent (Payot); bois de Longuefeuille, Gard (Boulay).

G. trichophylla. — Rochers et blocs siliceux autour de Chamounix (Payot); environs de Digne, Grandvillars (Boulay); Gonfaron (Fr. Pacôme).

G. Hartmanni. — Revel (Ravaud); bois près les prés de Venis, base de la Floriaz (Payot); mont Salève (Rome et Guinet).

G. Donniana. — Aiguilles-Rouges, le Couvercle, Aiguille-du-Grépon, de Taconnaz, le Bouchet (Payot); Pic-du-Bec (Ravaud); le Buet (Delavay).

Var. *sudetica*. — Au Bouchet, les Mottets, Aiguille-du-Grépon (Payot).

G. elatior. — Croix-du-Bonhomme (Payot); le Buet (Delavay); Oz en Oisans (Ravaud); vallée de Zermatt, le Queyras; le Pelvoux, Grandvillars (Boulay); col de Salèze (De Mercey); lac de Floréant en Queyras (Husnot).

G. ovata. — Saint-Gervais; environs de Faverges (Chatelain); le Couvercle, Pierre-à-Bérard, Valorsine, Mer-de-Glace, Grands-Mulets, etc. (Payot); les Voirons, le petit Salève (Guinet); Ardèche.

Var. *affinis*. — Moraine terminale du glacier de la Pendant (Payot).

G. leucophæa. — Commun dans la région méditerranéenne; Hyères; abondant à Valsaintes (Renauld); Mirabel (Fr. Pacôme); la Bastille à Grenoble (Boudeille); rare aux environs de Lyon, Montagny, Brignais (Fr. Pacôme); bassin moyen de l'Arve (Payot).

G. tergestina. — Aix-en-Provence (Philibert); Fréjus Boulay); près de Digne (Philibert et Boulay); le Vigan (Tuezkiewicz); gorge de Salvan (Bernet).

G. commutata. — Alais, Tournon (Boulay); le Vigan, Valleraugue (Tuezkiewicz); Mirabel, sur le basalte (Fr. Pacôme); Pelvoux, Grandvillars (Boulay); massif du mont Blanc, les Montées, Coupeau, le Bouchet, Lajeout (Payot); Cerdon-sur-Sallanches, monts Voirons (Guinet); environs d'Allevard; le Pilat, rochers du Corandin à Chaponost (Debat).

G. MONTANA. — Disséminé dans le massif du mont Blanc, montée de Merlet, base de l'Aiguille du Plan (Payot).

G. ALPESTRIS. — Le Couvercle et autres points du massif du mont Blanc, la Flégère, les Mottets, Crase-à-Bérard, le Jardin, nant du Praz, Mer-de-Glace (Payot); Chalet de la Tronchée, col de la Traversette (Husnot).

G. SULCATA. — Nous avons reconnu cette espèce sur un échantillon envoyé par M. Payot. Elle est répandue dans le massif du mont Blanc; Aiguilles-Rouges, le Buet, le Jardin de la Mer-de-Glace, lac du Brévent, lac Cornu, Pierre-à-Bérard, Aiguille-du-Midi, mont Cenis, vallée du Séléon, Ailefroide au Pelvoux (Boulay).

G. MOLLIS. — Aiguilles du Tour, de Blaitière, de la Pendant; Aiguilles-Rouges, lac Cornu et du Brévent, Aiguilles-du-Grépon, Crase et Pierre-à-Bérard, mont Jovet, (Payot); col de la Traversette (Husnot).

G. ELONGATA. — Divers points dans le massif du mont Blanc, la Loriaz, les Montets, col de Bérard, la Glière, Aiguilles-Rouges (Payot).

G. UNICOLOR. — Les Mottets, Mer-de-Glace, le Montanvert (Payot): lac Luitel-en-Oisans (Ravaud); Pelvoux (Boulay).

G. UNGERI n'est, suivant Boulay, qu'une forme du *G. alpestris*; Vals (Philibert).

G. ATRATA. — Aiguille-du-Midi, col et Pierre-à-Bérard, Grands-Mulets (Payot).

G. TRIFORMIS. — Espèce reconnue par Boulay parmi des échantillons recueillis à l'Aiguille-de-la-Glière par Payot.

G. ANCEPS. — Espèce créée par Boulay sur divers échantillons provenant du massif du mont Blanc: vallée de Bérard, torrent de l'Eau-Noire, Aiguilles du Grépon, du Plan, col du Bonhomme, le Bouchet, Praz d'Avaz, etc. (Payot).

Dans les échantillons que nous rapportons à cette espèce et qui sont dioeques, nous avons observé les plantes mâles qui ont échappé à Boulay.

RHACOMITRIUM

R. PATENS. — Aiguilles-du-Midi, la Tappiaz, Aiguilles-Rouges, la Flégère, source de l'Arveyron, la Filliaz, le Cougnon, vallée de Bérard, cascade des Pèlerins (Payot); le Montanvert (Guinet); col des Montets, près l'Argentière (Debat); Revel, mont de Lans, Grandes-Rousses, Chanrousse, les Sept-Laux (Ravaud).

R. ACICULARE. — Les Mayons (Hanry); l'Esterel (Boulay); col des Montets près l'Argentière (Debat); le Pilat (Fr. Pacôme); la Forclaz, le Chatelard, Servoz (Payot).

Var. *brevicaule*, le Pilat.

R. PROTENSUM. — Gorges de la Diosaz, montée de Servoz, cascade du Dard (Payot); Notre-Dame-des-Neiges (Debat).

R. SUDETICUM. — Disséminé dans le massif du mont Blanc, Pierre-à-Bérard, Aiguilles-Rouges, au Cougnon, bois de Joux, Notre-Dame-de-la-Gorge (Payot, Guinet); Chanrousse, Sept-Laux (Ravaud); alpes d'Allos, vallée du Séléon au Pelvoux (Boulay); ravin de Lachal près Faverges (Chatelain).

Var. *validius*. — Pierre-à-Bérard, la Loriaz (Payot).

R. HETEROSTICHUM. — Très répandu dans le massif du mont Blanc, torrent du Grépon, Songeonnaz, Notre-Dame-de-la-Gorge (Payot, Debat); monts Voirons (Guinet); le Vigan; Pilat (Fr. Pacôme).

Var. *gracilescens*. — Mélangé au type.

Var. *canescens*. —. Mélangé au type, mais plus rare.

Var. *alopecurum*. — Mélangé au type, mais plus rare. Montagne des Faux, Gros-Béchard (Payot).

Var. *alpestre*. — Hortaz (Payot).

R. FASCICULARE. — Taconnaz, les Montées, au Cougnon, Notre-Dame-de-la-Gorge (Payot); le Gleyzin (Ravaud).

R. MICROCARPUM. — Sous-espèce de l'*heterostichum* d'après Boulay, doit se retrouver disséminé aux stations du type; route de Sallanches à Servoz (Roze); Servoz, les Montées, les Grands-Mulets (Payot).

R. LANUGINOSUM. — Aiguilles-du-Midi, le Couvercle, Aiguilles-Rouges, Pierre-à-Bérard, le Gros-Béchard, la Loriaz, les Montets (Payot), et autres stations dans le massif du mont Blanc; le Fond de France près la Ferrière, le Pilat (Debat).

Var. *alpestre*. — Les Grands-Mulets (Payot).

R. CANESCENS. — Valsaintes (Renauld); le Vigan (Tuezkievicz); environs de Besançon où il fructifie rarement (Flagey); le Couvercle, les sables morainiques de tous les glaciers (Payot); très répandu sur les terrains et secs et arénacés de la zone inférieure et moyenne aux environs de Lyon, de Genève, d'Allevard, etc.; Valsaintes, Banon, la Rochegiron, chaîne de Lure (Renauld).

Var. *calcicola*. — Mont-d'Or lyonnais.
Var. *ericoides*. — Environs de Chamounix.
Var. *epilosum*. — Base de l'Aiguille-du-Midi (Payot).
Var. *alpina*. — Aiguilles-Rouges (Payot).

HEDWIGIA

H. ciliata. — Mêmes stations que le précédent avec lequel il se trouve souvent en mélange. Les Maurettes (de Mercey) ; Esterel, Alais, Grandvillars, Tournon (Boulay) ; le Vigan (Tuezkiewiez) ; Valsaintes (Renauld); environs de Lyon, de Genève, de Faverges, d'Allevard ; petit Salève (Guinet); montées de Servoz, Tête-Noire, St-Gervais (Payot).
Var. *leucophæa*. — Cascade de Bérard, du Dard (Payot); Rians, le Luc (Fr. Pacôme).
Var. *secunda*. — Les Contamines (Payot).

COSCINODON

C. pulvinatus. — Valleraugue, le Vigan (Tuezkiewicz); Aubenas (de la Perraudière); Lautaret (Mougeot).
V. *subperforatus*. — Forme nouvelle créée par M. Philibert sur des échantillons recueillis à Vals.

PTYCHOMITRIUM

P. polyphyllum. — Le Vigan, Aulas (Tuezkiewicz) ; environs de Grenoble (Boudeille) ; ravin des Nants (Payot).

AMPHORIDIUM

A. Mougeotii. — Assez répandu dans le massif du mont Blanc; chalets de la Balme, bois Magnin, la Flégère, Songeonnaz, torrent des Pèlerins, Taconnaz, la Tappiaz, etc. (Payot, Debat); vallée du Séléon au Pelvoux (Boulay).
A. lapponicum. — Vallée de Taconnaz, chalets de la Balme (Payot); Taillefer (Ravaud) ; Pelvoux (Boulay).

ZYGODON

Z. viridissimus. — Commun dans la région méditerranéenne, Le Luc (Fr. Pacôme) ; chaîne de Lure, les Mées (Renauld) ; bords du Rhône près Genève (Guinet) ; bassin inférieur de l'Arve (Payot) ; bois de Chalezeulle près Besançon (Philibert et Paillot).

Z. Forsteri. — Le Luc (Hanry); Ste-Baume (Roux); environs de Genève (Müller); bassin inférieur de l'Arve sur les Ormes et Peupliers (Payot) ; nous l'avons trouvé en grande quantité sur un Chêne actuellement coupé à Beaunant près Lyon. Nous l'avions alors, en nous conformant à la désignation donnée dans le *Bryologia europaea* dénommé *Z. conoideus*.

ULOTA

U. Ludwigii. — Les Varrands, Grande-Chartreuse (Ravaud); régions basses du Jura (Flagey).

U. Bruchii. — Très commun dans la Franche-Comté; disséminé dans les Alpes ; mont Joigny, Savoie (Paris); Villard-de-Lans; bords de la Bourne vers les Varrands (Ravaud).

U. crispa. — Assez répandu dans tout le Jura, dans les Alpes ; environs de Chamounix et Haute-Savoie en général (Puget, Payot); mont Billiat, environs de Gex (Guinet); Villard-de-Lans, forêt le long de la Bourne (Ravaud).

U. crispula. — Même dispersion que le précédent, mais plus commun ; à Lure sur le revers sud (Renauld).

U. Hutchinsiæ. — Val de Travers (Lesquereux) ; Savoie et Haute-Savoie, au Cougnon, rochers du Scez, Songeonnaz (Payot et Puget); Sassenage (Ravaud) ; mont Salève (Guinet).

ORTHOTRICHUM

O. cupulatum. — Assez répandu dans la région méditerranéenne ; Hyères (de Mercey); le Cannet (Hanry) ; Rians, le Luc (Fr. Pacôme); le Vigan (Tuezkiewicz), Valsaintes (Renauld); Remoulins (Boulay) ; commun autour de Lyon (Debat); St-Quentin, Isère; Montagny, Faverges (Chatelain) ; environs de Genève, mont Billiat (Guinet) ; bassin moyen et inférieur de l'Arve (Payot).

Var. *Rudolphianum*, mont Salève (Guinet).

Var. *Pugeti*, mont Méribelle (Puget).

O. anomalum. — Répandu dans tout le bassin sur les terrains siliceux. Assez fréquent aux environs de Lyon (Debat).

O. saxatile. — Très répandu dans tout le bassin sur les terrains calcaires, les Mées, Valsaintes, Forcalquier, Banon, la Rochegiron, revers nord de Lure (Renauld); bords du Drac (Boudeille); Chambellan près Faverges (Chatelain); Brezon, Besançon; environs de Genève (Guinet); abondant sur les couches calcaires du Mont-d'Or lyonnais, spécialement sur les dalles de lias à gryphée arquée (Debat).

Var. *defluens*. — Monts Voirons (Guinet).

O. URNIGERUM. — Rians ; bords d'un torrent à Habère-Lullin Haute-Savoie (Puget); Parménie (Ravaud).

O. RUPESTRE. — Valsaintes (Renauld) ; les Maures (de Mercey) ; le Cannet (Fr. Pacôme) ; le Pelvoux, roches granitiques dans les Basses-Alpes ; vallée de l'Ubaye (Boudeille) ; dans l'Isère, l'Ardèche, la Savoie ; glacier des Bois (Guinet) ; le Valais ; Songeonnaz, Bionnassay, le Bouchet, les Grands-Mulets (Payot).

Var. *alpicola*. — Songeonnaz (Payot).

O. RIVULARE. — Prémol (Ravaud) ; Arenthon (Puget).

O. ACUMINATUM. — Val de St-Antonin près d'Aix (Philibert) ; Ste-Baume (Boulay) ; le Vigan (Tuezkiewicz).

O. OBTUSIFOLIUM. — Basses-Alpes, Forcalquier, Banon, partie basse de la chaîne de Lure (Renauld) ; disséminé dans le Jura, l'Isère, la Haute-Savoie ; Arenthon ; le Bouchet, descente de la Forclaz (Payot), Bourg-d'Oisans ; environs de Grenoble ; Parménie, Villard-de-Lans (Ravaud) ; Pin-l'Emagny et en général dans le Doubs (Renauld).

G. SPRUCEI. — Découvert à Bruailles, Saône-et-Loire, par Philibert.

O. ROGERI. — Disséminé dans le Jura ; Villard-de-Lans (Ravaud) ; revers nord de Lure (Renauld).

O. TENELLUM. — Assez commun dans la zone silvatique ; Haute-Savoie, dans le bassin inférieur de l'Arve et à Arenthon (Puget) ; région des Oliviers à Lure, remonte à 1,000 mètres (Renauld) ; Pin-l'Emagny sur Peupliers (Renauld).

Var. *meridionale*. — Remplace le type dans la région méditerranéenne.

Var. *pumilum*. — Villard-de-Lans (Ravaud).

O. SCHIMPERI. — Jura (Lesquereux) ; Savoie (Paris) ; Haute-Savoie (Payot) ; Villard-de-Lans (Ravaud) ; mont Romette, Hautes-Alpes (Borel) ; chaîne de Lure (Boulay) ; Brignais près Lyon (Frère Pacôme).

O. PATENS. — Commun dans la zone moyenne et subalpine ; bords du Gardon (Boulay) ; vallée du Reposoir (Guinet) ; bassin inférieur de l'Arve, Arenthon (Payot).

Cette espèce ne paraît pas différer, suivant Boulay, de l'*O. stramineum*.

O. STRAMINEUM. — Bassin moyen et inférieur de l'Arve (Payot); commun d'ailleurs dans les zones moyenne et subalpine; bords du Gardon (Boulay); vallée du Reposoir (Guinet); Parménie (Ravaud), versant nord de Lure (Renauld).

O. PALLENS. — Saules à Martigny (Payot).

O. ALPESTRE. — Sous-espèce du *patens* suivant Boulay. — Vallée de Ségur (Husnot); val d'Anniviers (Philibert).

O. LEUCOMITRIUM. — Pringy (Puget); Beaunant près Lyon (Debat).

O. PULCHELLUM. — Creux du Vent, haut Jura (Cornu).

O. DIAPHANUM. — Très commun dans la région méditerranéenne et dans la zone silvatique inférieure, les Mées, Forcalquier, chaîne de Lure (Renauld); répandu aux environs de Lyon, de Grenoble, de Thonon; bassin moyen et inférieur de l'Arve, Arenthon (Puget).

O. LYELLII. — Assez rare dans la région méditerranéenne; les Maures, Menton, les Alpes-Maritimes (de Mercey); le Pilat (Debat); Notre-Dame-des-Neiges; roche de Berland (Boudeille), répandu dans la zone moyenne et subalpine; environs de Chamounix, la Diosaz (Payot); revers nord de Lure (Renauld).

O. AFFINE. — Commun dans la zone moyenne, région des Oliviers à Lure (Renauld); environs de Lyon (Debat); le Garon, Pollionay, le Pilat (Fr. Pacôme); Bourg-d'Oisans; vallée de l'Ubaye (Boudeille); Allevard (Debat); Faverges (Chatelain); marais de Lossy, Collonges-sur-Salève (Guinet), environs de Chamounix et de Servoz (Payot).

O. STURMII. — Notre-Dame-des-Anges, Var (de Mercey); val Tayette (Hanry); Cerdon-sur-Sallanches (Guinet), le Bouchet (Payot).

O. LEIOCARPUM. — Rare dans la région méditerranéenne; les Maures (de Mercey); Rians, les Mayons (Fr. Pacôme); le Vigan (Tuezkiewicz); Banon, chaîne de Lure (Renauld); assez répandu aux environs de Lyon, d'Allevard; le Colombier; Pringy; roches de Berland; mont Salève, monts Voirons, vallée du Reposoir (Guinet); nant des Praz, le Bouchet, Hortaz, au Biolet (Payot); Lachal près Faverges (Chatelain).

O. FASTIGIATUM. — Forme de l'*affine* suivant Boulay. — Zone silvatique inférieure; Pilat (Debat); Notre-Dame-des-Neiges; Villard-de-Lans (Ravaud); le Bouchet, St-Gervais (Puget).

Var. *appendiculatum*. — Le Luc (Hanry); Clérieux, Drôme (Frère Pacôme).

O. SPECIOSUM. — Zone moyenne et subalpine, haut-Jura; Sainte-Baume (Boulay); Rians, le Luc (Fr. Pacôme); le Crédo; vallée du Reposoir, mont Salève, monts Voirons (Guinet); Habère-Lullin, Haute-Savoie (Puget); Bois de Joux; Parménie (Ravaud); revers nord de la chaîne de Lure (Renauld).

ENCALYPTA

E. VULGARIS. — Très commun dans la région méditerranéenne, et généralement dans la zone silvatique jusqu'à la zone alpine. Très répandu aux environs de Lyon.

Var. *pilifera*. — La Dôle.

E. RHABDOCARPA. — Hauts sommets du Jura et des Alpes; le Reculet (Flagey); environs de Faverges, mont Sambuy (Chatelain); Meyronne (Boudeille); Villard-de-Lans, la Moucherolle (Ravaud); Zermatt (Saint-Lager); montagne des Faux, bois Magnin, col de Balme, Aiguilles-Rouges, à Servoz, Nant des Praz (Payot); Grandvillars (Boulay); répandu dans le Queyras (Husnot).

Forme à étudier. — Col du Galibier.

E. CILIATA. — Chasseron, mais rare (Flagey); répandu dans le massif du mont Blanc; Aiguille à Bochard, les Chavans, Sainte-Marie, Aiguilles-Rouges, Tête-Noire, Nant Profond, Grepon, Hortaz, mont Vautier, Servoz, etc. (Payot); dans l'Ardèche, dans les environs d'Allevard (Debat); le Pelvoux, Briançon, mont Viso, Grandvillars (Boulay); Abriès, vallon de Ségur (Husnot); Bourg-d'Oisans; monts Voirons (Guinet); Zermatt (Saint-Lager).

Var. *microstoma*. — Au-dessus du lac d'Allos (Boulay); aux Mottets, au Montanvert, Carlaveyron, Aiguilles-Rouges (Payot).

E. APOPHYSATA. — Mont de Lans en Oisans (Ravaud); Chasseron (Lesquereux); mont Cenis (Bonnaz); vallée de l'Ubaye (Boudeille); bois Magnin, vallée du Trient (Payot).

E. STREPTOCARPA. — Commun dans le haut Jura; bords du Gardon (Boulay); Mirabeau, Forcalquier, Niozelles, Valsaintes, revers nord de Lure (Renauld); Ardèche, aux Vans (Fr. Pacôme); Gex, Pringy, vallée du Reposoir (Guinet); aux Montées, à Bocher (Payot); mont d'Ain (Debat); rencontré stérile sur le mortier d'un mur à Ste-Foy-lès Lyon (Debat); Chaudanne (Flagey).

E. longicolla. — Chasseron (Schimper et Lesquereux); Creux-du-Vent (Mougeot); la petite Moucherolle (Ravaud);

E. commutata. — Sommet du Chasseron (Lesquereux); Margériaz (Paris); mont Cenis (Bescherelle); la Moucherolle, Chamechaude (Ravaud); le Pelvoux, Briançon, lac d'Allos, Grandvillars (Boulay); la Griaz, col de Balme, entre Belachat et le Brévent (Payot).

TETRAPHIS

T. pellucida. — Nul dans la région méditerranéenne ; commun dans la zone silvatique moyenne et subalpine; Boujeailles, Doubs (Flagey); Bugey, Pilat, Uriage (Debat); St-Eynard près Grenoble (Boudeille); Faverges (Chatelain); Grande-Chartreuse; Ardèche; mont Salève (Guinet); répandu dans le massif du mont Blanc (Payot).

SCHISTOSTEGA

S. osmundacea. — Lantenot, dans la Haute-Saône (Renauld).

DISSODON

D. Frœlichianus. — Disséminé dans le massif du mont Blanc; Aiguilles-Rouges, Tête-Rouge, la Jorace (Payot); vallée de Séléon au Pelvoux (Boulay); vallée de Ségur, chalet de Ruine, vallée du Guil dans le Queyras (Husnot); glacier au dessus de Zermatt (Saint-Lager); mont Cenis (Bescherelle); Lautaret (Mougeot); Villard-d'Arène, pic du Bec, la Moucherolle (Ravaud).

TAYLORIA

T. serrata. — Gorges de la Diosaz (Payot); le Chasseral (Chaillet); la Vaux (Schimper et Lesquereux); la Dôle (Müller); mont Cenis (Bonjean); vallée du Nant au-dessus de Bex (Philibert); Aiguilles-Rouges, la Jorace (Payot).

Var. *tenuis*, — La Jorace, base de la Loriaz, Tête-Rouge, mayens de la Poya, vallée de Bérard (Payot).

S. splachnoides. — Mont Cenis (Bonjean); forêts du haut Jura; le Bouchet (Payot).

Var. *obtusa*. — La Vaux (Lesquereux).

TETRAPLODON

T. angustatus. — Découvert par M. Payot à l'entrée de la mine Ste-Marie près Chamounix.

SPLACHNUM

S. AMPULLACEUM. — Tourbières de la Planée et de Pontarlier (Flagey); çà et là dans le haut Jura; mont Cenis (Bonjean); lac Luitel à Prémol (Ravaud); marais de la Pile au pied de la Dôle (Guinet); bois de la Jorace (Payot).

S. SPHÆRICUM. — Mont Cenis (Huguenin); Taillefer (Villars d'après Ravaud).

PHYSCOMITRIUM

P. EURYSTOMUM. — (var. *major* du *sphæricum* d'après Boulay); Francheville près Lyon (Boulay); cette station nous semble douteuse; étang desséché de la Mangenotte près Francheville (Renauld).

P. PIRIFORME. — Rare dans la région méditerranéenne; Hyères; disséminé aux environs de Lyon, Francheville, Orliénas (Debat); de Grenoble (Boudeille); bassin moyen et inférieur de l'Arve (Payot); marais de Saône (Flagey).

ENTHOSTODON

E. ERICETORUM. — Environs d'Hyères (de Mercey); de Grenoble (Ravaud); de Faverges (Chatelain); bois de Grattery (Renauld).

E. TEMPLETONI. — Assez répandu dans la région méditerranéenne; Cannes (Schimper); Estérel (Boulay); Hyères, Pierrefeu (Bescherelle); les Mayons (Goulard).

FUNARIA

F. FASCICULARIS. — Commun dans la région méditerranéenne, et en général dans la zone silvatique inférieure; Cannes; le Luc (Fr. Pucôme); répandu aux environs de Lyon, surtout dans les terres labourables en friche (Debat); Bernex près Genève (Guinet); bassin moyen et inférieur de l'Arve (Payot).

F. CURVISETA. — Çà et là dans la région méditerranéenne; Nice (de Lacroix); Hyères.

F. CALCAREA. — Très commun dans la région méditerranéenne; Hyères; St-Nazaire, Drôme (Requien); Villard-de-Lans (Ravaud); Martigny (Davies); répandu dans le Jura; aux environs de Lyon, à Ste-Foy et dans la vallée de la Cadette, sur les conglomérats à ciment calcaire (Debat); roche de Berland (Boudeille); Tour de Batiaz à Martigny (Payot).

Var. *hibernica*. — Paraît plus fréquente que le type dans le midi ; Fréjus (Boulay) ; Collobrières, Forcalquier, entre Banon et Simiane (Renauld) ; Montpellier (Schimper); Vaucluse (Requien); Annecy (Puget) ; Sassenage, Villard-de-Lans (Ravaud) ; la Chapelle-de-Buis, près Besançon (Flagey, Paillot); mont Salève (Guinet).

F. convexa. — Commun dans la région méditerranéenne ; Esterel (Schimper); le Cannet (Hanry); Hyères ; Ste-Baume (Roux); Vals (Philibert) ; Pont-de-Claix, Isère (Ravaud).

F. hygrometrica. — Très commun dans tout le bassin, surtout au pied des murs sur le mortier, s'élève jusqu'à la zone subalpine. Environs de Lyon, de Gex; mont Salève ; St-Eynard à Grenoble ; massif du mont Blanc et environs, etc.

F. microstoma. — Le Luc, le Cannet (Hanry) ; chalet d'Ailefroide au Pelvoux (Husnot) ; près d'Echirolles (Ravaud).

F. pulchella. — Nouvelle espèce instituée par M. Philibert, Vals.

MIELICHOFFERIA

M. nitida. — Vallon du Séléon au Pelvoux (Boulay).

LEPTOBRYUM

L. piriforme. — Disséminé sur divers points du bassin ; Franche-Comté, près Arbois (Flagey) ; Prémol, les Jarrands (Ravaud) ; mont Cenis ; Annecy (Puget) : Tignes (Saint-Lager); Talloire (Chatelain) ; environs de Chamounix (Payot) ; existait sur les plâtras de l'usine Coignet à Villeurbanne, aujourd'hui démolis (Debat) ; Grands-Mulets (Payot).

L. diœcum. — Nous avons créé cette espèce sur des échantillons rapportés de la vallée de Zermatt par M. Saint-Lager sous le nom de *L. piriforme*. Depuis, M. Philibert l'a rencontrée dans le val d'Anniviers. Peut-être ne diffère-t-elle pas spécifiquement du *piriforme*, ce qui semblerait résulter de ce fait que M. Ravaud a recueilli près Villard-de-Lans des échantillons synœques comme ce dernier, mais dont les touffes renferment des plantes exclusivement mâles ainsi que nous l'avons reconnu en les examinant.

WEBERA

W. polymorpha. — Disséminé dans les zones subalpine et alpine ; le Couvercle, Ilot d'Entre-Porte, Aiguilles-Rouges, la Griaz, Tacconaz (Payot) ; col de la Traversette (Husnot).

Var. *brachycarpa*. — Grand-Som, Belledonne, la Moucherolle, en mélange avec le type (Ravaud).

Var. *stricta*. — Aux Gaillants (Payot).

Var. *gracilis*. — Au Bouchet (Payot).

W. ELONGATA. — Même dispersion que le précédent, mais beaucoup plus commun. Alpes de l'Isère (Ravaud) ; Beaufort, mont Fully, vallée de Zermatt, Tignes (Saint-Lager); Montanvert (Debat); la Griaz, gorges de la Diosaz, pont de Perralottaz, torrent des Praz, aux Montées (Payot); roche de Talloire (Chatelain).

Cette espèce donne lieu à plusieurs variétés assez peu définies et que l'on trouve çà et là avec le type dans les zones alpines.

W. LONGICOLLA. — Considéré par Boulay comme une forme alpine du précédent.

Forma alpina. — Ilot d'Entreporte, et çà et là dans le massif du mont Blanc, les Montées, les Pélerins, la Jorace, la Griaz, au Grépon (Payot).

W. CUCULLATA. — D'après Payot, disséminé sur un grand nombre de points à Chamounix : au nord des Aiguilles-Rouges ; Aiguilles du Grépon et du Tour ; Aiguille à Bochard ; Aiguille du Midi ; col de Bérard, col de Balme ; aux Rassaches, la Tapiaz, Jardin, la Loriaz (1).

Var. *nigrita*. — Les Rassaches, sur l'Ognant (Payot).

W. ANNOTINA. — Disséminé dans la région silvatique inférieure. Nous ne connaissons aucune station certaine de cette mousse dans le bassin ; indiqué au bord du Drac par Ravaud.

W. ACUMINATA. — Le Couvercle, Ilot d'Entreporte, la Griaz, Taconaz, le Bouchet (Payot) ; Prémol, chalet du Gleyzin (Ravaud) ; près le lac d'Allos (Boulay).

W. CARINATA. — Espèce nouvelle créée par M. Boulay sur des échantillons envoyés par M. Payot des Aiguilles-Rouges et de l'Aiguille-à-Bochard, se montre aux Grands-Mulets, à Pierre-Pointue, au col de Balme, bas de l'Aiguille du Grépon, de Belachat au Brévent ; M. Boulay l'a retrouvé au Pelvoux près le lac de l'Echauda. M. Payot nous l'avait envoyée plusieurs années

---

(1) Nous sommes surpris de trouver une dissémination aussi grande de cette espèce dans le massif du mont Blanc. Nous n'en avons jamais rencontré un seul exemplaire dans les nombreux envois que nous a faits M. Payot. Même observation pour le *W. acuminata*.

avant la dernière publication de M. Boulay et nous l'avions reconnue comme nouvelle sans toutefois lui donner de nom.

W. SPHAGNICOLA. — La Loriaz (Payot); rare. Ne paraît pas différer du *W. nutans* var. *sphagnetorum*).

W. NUTANS. — Répandu de la zone silvatique inférieure à la zone alpine ; le Couvercle, le Bouchet, Aiguille-du-Midi, etc. (Payot) ; le Montanvert (Debat) ; roc de Chères (Chatelain); mont Salève, vallée du Reposoir (Guinet) ; disséminé aux environs de Lyon, mais assez rare (Debat) ; Pilat.

Var. *longiseta*. — Marais de la Pile près de la Dôle (Guinet); les Montées, la Griaz, les Pèlerins (Payot).

Var. *strangulata*. = Pilat (Debat) ; la Jorace, la Diosaz, Songeonnaz, le Chatelard (Payot).

Var. *subdenticulata*. — Charbonnières, Allevard (Debat) ; monts Voirons (Guinet).

Var. *gracilescens*. — Route de Vernayaz à Chamonix (Debat).

Var. *robusta*. — La Griaz (Payot).

Var. *uliginosa*. — Le Couvercle, glacier des Pèlerins, la Griaz (Payot) ; vallée de Zermatt (Saint-Lager).

Var. *sphagnetorum*. — Marais de la Pile (Guinet) ; la Loriaz (Payot).

Var. *caespitosa*. — Le Bouchet, Ste-Marie, les Montées (Payot).

W. CRUDA. — Répandu dans les zones silvatiques moyenne et subalpine ; commun dans le massif du mont Blanc, la Griaz, le Biolet, la Jorace, le Bouchet, gorges de la Diosaz, bois Magnin, les Pèlerins, Songeonnaz, Mer-de-Glace, etc. ; monts Voirons, mont Salève, Pointe de Surcou, rochers sous Dine, mont Billiat (Guinet) ; Villard-de-Lans (Ravaud) ; Notre-Dame-des-Neiges ; Valsaintes, la Rochegiron, revers nord de Lure (Renauld) ; vallée de Molines (Husnot).

Var. *macrocarpa*. — Chamounix (Debat).

Var. *brachycarpa*. — Combe de Villette près Bramans (Saint-Lager).

W. ALBICANS. — Assez répandu dans la zone silvatique et alpine, rare dans la région méditerranéenne. Environs de Beaucaire, bords du Gardon (Boulay); le Vigan (Tuezkiewicz; Villard-de-Lans (Ravaud); Aiguilles-du-Tour, vallée de Bérard, col de Balme, la Loriaz, les Montets (Payot); Laissey (Paillot) ; Echénoz-la-Meline (Renauld).

Var. *glacialis*. — Col de Balme, Aiguilles-du-Tour, Aiguilles-Rouges (Payot); le Pelvoux au chalet d'Ailefroide; vallon de Ségur (Husnot).

Var. *robusta*. — Songeonnaz, bois Magnin (Payot).

W. LUDWIGII. — Zone alpine. Le type assez rare, disséminé çà et là dans le massif du mont Blanc, Aiguilles-Rouges, Arlevé, l'Ognant (Payot); le Pelvoux, vers Ailefroide; chalets de la Tronchée et col de la Traversette (Husnot).

Var. *elongata*. — Aiguilles-Rouges (Payot); vallon de Ségur (Husnot).

Var. *latifolia*. — Col de Bérard, la Flégère au lac Blanc, vers le lac Cornu (Payot).

Forme à étudier. — Les Mottets (Payot).

W. COMMUTATA. — Même dispersion que le précédent. Au pied des glaciers du mont Blanc (Payot, Debat); col de Balme (Payot).

Var. *gracilis*. — Col de Balme, glacier de l'Argentière, Songeonnaz, le Bouchet (Payot).

Var. *elongata*. — Moraine latérale ancienne des Bossons (Payot).

W. CARNEA. — Assez commun dans la région méditerranéenne; remonte assez haut, Rians, Carsès; Dieu-le-Fit; Bourg-de-Péage; mont Salève (Guinet); Villard-de-Lans (Ravaud); glacier des Bossons, gorges de la Diosaz (Payot); nous l'avions aux Étroits, près Lyon dans une station actuellement détruite; Laissey (Renauld et Paillot); Bois de Chalezeule (Flagey).

Var. *pulchella*. — Aiguille-à-Bochard, le Chapeau, mont Joly (Payot).

W. TOZERI. — Ne remonte pas dans notre bassin au-dessus de la région méditerranéenne, où il est assez commun; le Luc (Goulard); Fréjus (Boulay); Cannes.

BRYUM

B. PENDULUM. — Disséminé çà et là dans le bassin, mais nulle part commun, surtout dans la région méditerranéenne; signalé dans le Jura (Lesquereux); dans la Savoie (Paris); Grande-Chartreuse, Villard-de-Lans, la Moucherolle (Ravaud); le Reculet (Guinet); St-Eynard près Grenoble, vallée de l'Ubaye (Boudeille); le Bouchet, les Pèlerins, la Filliaz, Songeonnaz (Payot).

Var. *compactum*. — La Moucherolle (Ravaud).

B. INCLINATUM. — Alpes, Jura, peu commun ; Pilat (Frère Pacôme) ; Bourg-d'Oisans, Grande-Chartreuse (Ravaud) ; monts d'Ain (Debat) ; marais de Saône (Flagey) ; moraine latérale de la Mer-de-Glace (Payot) ; versant nord de Lure (Renauld).

B. FALLAX. — Disséminé dans les zones moyenne et subalpine : Pierre-à-Bérard, le Bouchet, col de Balme, Charamillon, l'Ognaut, les Rassaches (Payot, Debat) ; mont Cenis ; Briançon, Allos, Brama Bioou, Gard (Boulay).

B. ARCTICUM. — Chasseron (Lesquereux) ; le Suchet (Boulay) ; Belledonne (Debat) (1).

B IMBRICATUM. — Aiguilles-Rouges, lac Cornu (Payot).

B. INTERMEDIUM. — Même dissémination que le *B. fallax*, Pointe-d'Anday, Haute-Savoie (Guinet) ; col de Balme (Payot) ; près Faverges (Chatelain).

B. CIRRATUM. — Région alpine au-dessous de laquelle il descend à peine. Aiguilles-Rouges, col de Balme, le Bouchet, Aiguille-à-Bochard (Payot) ; mont Méry (Guinet) ; la Grave (Mougeot) ; Villard-d'Arène (Ravaud) ; Pelvoux, monts de Lure (Boulay).

B. MICROSTEGIUM. — Nous rapportons, avec doute, à cette espèce un échantillon en mauvais état recueilli par M. Boudeille dans la vallée de l'Ubaye ; la Moucherolle (Ravaud).

B. BIMUM. — Zones silvatique moyenne et subalpine ; rare au-dessous et au-dessus. Nous ne rattachons à cette espèce que les échantillons nettement synoeques ; les dioeques devant être, suivant nous, rapportées au *B. pseudotriquetrum*. Au-dessus de Tenay (Debat), forêt de Sommier, marais de Lossy (Guinet) ; marais de Grasse près Condamine, Basses-Alpes (Boudeille) ; tous les marécages autour de Chamounix (Payot) ; nul dans la région méditerranéenne ; vallée de Séléon au Pelvoux (Renauld). Marais de Saône (Paillot).

B. CUSPIDATUM. — Zone subalpine. Grande-Chartreuse, mont Cenis (Bescherelle) ; Briançon, Cévennes (Boulay) ; Villard-de-Lans, route de Corançon près le Moulin (Ravaud) ; St-Nizier près Grenoble (Boudeille) ; gorges de la Diosaz, mont Vautier, Servoz, la Mer-de-Glace (Payot); au-dessus de Tenay, mêlé au *B. bimum* (Debat).

---

(1) Nous indiquons cette dernière station avec doute ; la détermination ayant été faite sur un échantillon unique et très chétif.

B. PALLESCENS. — De la zone silvatique moyenne à la zone alpine supérieure. Commun dans le haut Jura et dans nos massifs alpins ; la Dôle, le Reculet (Guinet) ; route de Tenay à Hauteville (Debat) ; monts Voirons, vallée du Reposoir, mont Salève (Guinet) ; environs de Faverges (Chatelain); vallée de Zermatt (Saint-Lager); mont Charvin, vallée de Vallorsine (Debat) ; Tête-Noire, Aiguille-à-Bochard, Mer-de-Glace, Aiguilles-Rouges, Songeonnaz, vallée de Bérard (Payot) ; le Lautaret ; mont Cenis; rochers de Berland (Boudeille); la Tailla près Allevard (Debat); vallée de l'Ubaye (Boudeille) ; le Pelvoux : la Queyras, vallée de Molines (Husnot); Grande-Chartreuse (Ravaud).

Var. *boreale*. — Mont Cenis, vallée de l'Ubaye ; massif du mont Blanc, lac Blanc, la Flégère (Payot) ; Notre-Dame-des-Neiges.

Var. *contextum*. — Saint-Marie-du-Coupeau près Chamounix (Payot); monts de Lure, le Pelvoux (Boulay).

B. TORQUESCENS. — Zone silvatique inférieure. Commun dans la région méditerranéenne, Sainte-Baume, Cannes ; Rians, Toulon (Fr. Pacôme) ; les Cévennes ; les Mées, Forcalquier (Renauld); la Bastille à Grenoble (Boudeille) ; Faverges (Chatelain); environs de Genève (Guinet) ; bassin inférieur de l'Arve (Payot).

B. ERYTHROCARPUM. — Zone silvatique inférieure ; signalé à Chamounix (Roze); à Villard de Lans (Ravaud) ; la plupart des échantillons que nous avons reçus sous ce nom appartiennent au B. *murale*.

B. PROVINCIALE. — Environs d'Aix-en-Provence (Philibert); Montredon près Marseille (Boulay); les Maures, rare (Fr. Pacôme).

B. MURALE. — Zone silvatique moyenne, assez répandu dans la région méditerranéenne ; Montferrand (Flagey); Autet, Foulvent (Renauld); Villard de Lans, Chartreuse de Prémol, les Jarrands (Ravaud) ; Troinex et Chambésy près Genève (Guinet) ; vallon de Rochecardon, Collonges au Mont-d'Or (Debat) ; Cannes et autres localités du Midi.

B. ATROPURPUREUM. — Commun dans la région méditerranéenne et en général répandu dans la zone inférieure et moyenne, le Luc, environs de Nîmes (Boulay) ; remparts de Grenoble, roche de Berland (Boudeille); route d'Hermance près Genève (Rome) ; chemin de ronde près le fort de la Vitriolerie, Lyon (Debat); Rochetaillée (Fr. Pacôme).

B. versicolor. — Bords de l'Arve (Muller) ; aux forges d'Alivet (Ravaud).

B. alpinum. — Zone moyenne et subalpine. — Assez commun dans la région méditerranéenne, l'Esterel, bords du Gardon (Boulay); les Maures (Hanry) ; Aix en Provence (Philibert) ; Valsaintes (Renauld) ; le Vigan (Tuezkievicz) ; Notre-Dame-des-Neiges ; gorges de la Diosaz, le Chatelard, cascade des Pèlerins, de Bérard, Aiguilles-Rouges, les Montées, monts de la Côte, Tête-Rouge, le Couvercle (Payot); route de Vernayaz, Belledonne, route du Pinsot près Allevard, barrage de Rochetaillée, Loire (Debat); Fond-de-France près la Ferrière; autour de Lyon assez répandu, mais stérile, Brignais, Chaponost, Charbonnières, Lentilly, etc.

Var. *mediterraneum* aux Mottets (Payot).

B. Muhlenbeckii, signalé au col de Balme et sur le revers nord des Aiguilles-Rouges par Payot.

B. caespiticium. — Répandu dans la zone silvatique mais très rare dans la région méditerranéenne ; revers sud de Lure (Renauld) ; commun aux environs de Lyon, Grenoble, etc. Se rencontre au petit Salève, dans le massif du mont Blanc, Ste-Marie, au Coupeau, aux Montées, le Bouchet (Payot) ; environs de Besançon.

Var. *imbricatum*. — La Bastille à Grenoble (Boudeille); environs de Faverges (Chatelain); d'Allevard (Debat).

B. badium. — Var. du *caespiticium* suivant Boulay. A Faverges, bords de l'Eau-Morte (Chatelain) ; bords de l'Arve (Guinet).

B. gemmiparum. — Forcalquier, Valsaintes (Renauld) ; l'Esterel (Boulay) ; ce bryologue en fait une forme *ovata* de l'*alpinum* ; Rians (Fr. Pacôme) ; aux Mottets entre Ste-Marie et Coupeau, sous le Montanvert (Payot).

B. Funkii. — Du pont de la Coupaz à celui de Ste-Marie, sources de l'Arveyron (Payot) ; Villard-de-Lans, Renage, Grand-Veymont (Ravaud) ; cascade de Mouron près le Doubs (Lesquereux).

B. tenue. — Belledonne (Ravaud); identifié par Boulay avec le *Br. Payoti*. (Voir plus loin la note concernant ce dernier.)

B. Mildeanum. — L'Esterel (Boulay) ; le Luc (Fr. Pacôme) ; fissures de rochers, sources de l'Arveyron (Payot) ; nous rapportons à cette espèce plusieurs échantillons envoyés sans désignation par M. Payot. (Voir plus loin la note concernant le *Br. Payoti.*)

Var. *robustum.* — Col de Balme.

Var. *proliferum.* — Les Mottets.

B. CAPILLARE. — Très commun dans la zone silvatique, atteint la zone alpine. Plus rare dans la région méditerranéenne, les Maures, Ste-Baume, le Luc; le Vigan ; Forcalquier, Banon, la Rochegiron, chaîne de Lure (Renauld); très répandu dans le département du Rhône et dans les limitrophes : Haute-Savoie, Ardèche ; environs de Genève ; Hautes et Basses-Alpes, le Jura, environs de Besançon, le Pilat, etc.

Var. *angustatum.* — Sous les Sapins au St-Eynard (Boudeille), et aux monts d'Ain (Debat); au Bouchet (Payot).

Var. *majus.* — A Chaponost près Lyon (Debat).

Var. *flaccidum.* — Orliénas (Debat) ; Faverges (Châtelain).

Var. *Ferchelii.* — Faverges (Chatelain); les Rousses, Montées de Servoz, Hortaz (Payot).

Les trois premières variétés se retrouvent souvent dans les mêmes stations que le type.

B. ELEGANS. — Zone subalpine jusqu'à l'alpine supérieure. Chaîne de Lure (Renauld); assez répandu dans le haut Jura ; rochers sous Dine ; vallée du Reposoir, la Paumière près Genève (Guinet); l'Eau-Noire, vallée de Bérard, Aiguilles-Rouges, depuis la Flégère (Payot) ; pied de la Moucherolle, et au sommet du Grand-Som (Ravaud).

B. OBCONICUM. — Zone moyenne; roche de Berland près Grenoble (Boudeille).

B. BLINDII. — Pelvoux (Boulay); Prémol (Ravaud) ; aux Montées, à Ste-Marie (Payot).

B. ARGENTEUM. — De la zone silvatique inférieure à la zone alpine. Très commun dans la région méditerranéenne et en général dans tout le bassin. Paraît rare dans les Basses-Alpes, mont Salier, Forcalquier, la Rochegiron (Renauld).

Var. *lanatum.* — Vallée de l'Ubaye (Boudeille) ; route de Sallanches à Combloux, Reculet (Guinet) ; çà et là autour de Chamounix (Payot).

Var. *majus.* — Çà et là avec le type ; le Luc, Trévoux, Romanèche, St-Genis-Laval, Pilat, etc. (Fr. Pacôme).

B. DONNIANUM. — Répandu dans la région méditerranéenne où il remplace en quelque sorte le *B. capillare.* Nice, Cannes, le

Luc, Pierrefeu, la Sauvette, Esterel, Rognac; Aix en Provence (Philibert).

B. CYCLOPHYLLUM. — Tourbières de Bélieu, haut Jura (Quelet); au Bouchet ? (Payot).

B. DUVALII. — Descend rarement au-dessous des zones alpine et sous-alpine. Col de Balme, Aiguilles-Rouges (Payot); Villard-de-Lans (Ravaud); St-Véran en Queyras (Husnot),

B. PALLENS. — Même dissémination que le précédent. Mont Fully, la Dôle, le Reculet (Guinet); çà et là aux environs de Chamounix, entre le pont Ste-Marie et celui de Coupeau, bords de l'Arve, Songeonnaz, Aiguilles-Rouges, Nant Profond (Payot); gorges d'Engins, Grande-Chartreuse (Ravaud).

Var. *humile*. — La Griaz (Payot).

B. PSEUDOTRIQUETRUM. — Assez rare dans la région méditerranéenne; ne dépasse guère la zone silvatique moyenne; les Maures, Rians, Vals et Entraigues; les Vans (Fr. Pacôme); bords du Gardon, environs de Nîmes, Grandvillars (Boulay); assez répandu dans la Haute-Savoie, au Bouchet, Nant du Dard, etc. (Payot); mont Salève, vallée du Reposoir (Guinet); Talloire près le lac d'Annecy (Chatelain); Ardèche; Bourg-d'Oisans; Allevard en très beaux échantillons fructifiés (Debat); parc d'Alivet (Ravaud); près de Lyon, à Chaponost, Orliénas, mais rare (Debat) (1).

Var. *compactum*. — Disséminé çà et là dans le Jura, les Alpes, les Cévennes, avec le type; Carlaveyron, la Vallorsine (Payot).

Var. *gracilescens*. — Le Bouchet (Payot).

Var. *flaccidum*. — Vendagne (Payot).

B. TURBINATUM. — Zone silvatique supérieure et subalpine. Col de Balme, Aiguille à Bochard, Pormenaz, bords de l'Arve, vallée de Bérard (Payot); la Dôle (Guinet); vallée de l'Ubaye; rochers de Berland près Grenoble (Boudeille); Belledonne; route de Tenay à Hauteville, Allevard (Debat).

B. SCHLEICHERI. — Zone subalpine et alpine; col de Balme, combe de la Floriaz, Aiguilles-Rouges, glacier des Bois, la Jorace (Payot); mont Cenis, monts Voirons (Guinet); haute vallée de l'Ubaye (Boudeille); Loeche, Chasseron; Abriès en

---

(1) Paraît appartenir à la var. *flaccidum*.

Queyras (Saint-Lager); vallée du Séléon au Pelvoux, chalet d'Ailefroide (Renauld).

Var. *angustatum*. — Abriès en Queyras.

B. NEODAMENSE. — Vallée de Bérard, Aiguilles-Rouges (Payot).

B. ROSEUM. — Région silvatique inférieure et moyenne; revers nord de Lure (Renauld); vallon de Ségur (Husnot); environs de Fleurier (Lesquereux); Laissey (Paillet); environs de Besançon (Flagey); petit Salève (Guinet); assez commun aux environs de Lyon, mais stérile (Debat); aux Montées, aux Chavans (Payot).

B. FILIFORME. — Zone subalpine : Oisans, la Moucherolle, clot d'Apre (Ravaud); environs d'Allevard (Philibert); col des Montées, près l'Argentière (Debat); çà et là dans le massif du mont Blanc, les Mottets, sources de l'Arveyron, le Bouchet (Payot).

ESPÈCES DOUTEUSES

B. PAYOTI. — Versant nord des Aiguilles-Rouges, Songeonnaz, aux Mottets, le Montanvert, la Flégère, les Rassaches, l'Ognant, près le Grand-Saint-Bernard (Payot) (1).

B. FILUM. — Entre Pierre-Pointue et Pierre-à-l'Échelle ; Aiguilles-Rouges, Songeonnaz (Payot).

B. CYMBULIFORME. — Espèce nouvelle découverte par le docteur Bernet, de Genève, sur les bords du Rhône. M. Guinet nous l'ayant envoyée, nous avons reconnu qu'elle ne se rapportait à aucune espèce décrite, tout en se rapprochant par la forme et le tissu cellulaire des feuilles du *Br. Marattii*. Nous ne lui avions donné aucun nom, espérant avoir des échantillons plus complets. C'est M. Cardot qui l'a nommée et décrite dans la *Revue bryologique*.

ZIERIA

Z. DEMISSA. — Zone alpine supérieure. Mont Cenis (Hooker).

Z. JULACEA. — Zones subalpine et alpine : les Fauges, près

---

(1) Nous ne connaissons aucun exemplaire authentique de cette Mousse, à moins qu'on ne doive y rapporter les divers échantillons innommés envoyés par M. Payot et que nous attribuons au *Br. Mildeanum*. Ce dernier reste problématique pour Boulay, et en l'absence de diagnoses suffisamment précises et concordantes, nous pencherions à considérer les *Br. Mildeanum, tenue* et *Payoti* comme des formes de la même espèce. Nous nous proposons de réclamer aux créateurs de ces espèces des spécimens authentiques, ce qui nous permettra de trancher la question.

Villard-de-Lans (Ravaud) ; mont Joigny, près Chambéry (Paris) ; moulins de Chavans, près Chamounix, cascades de Fouilly, des Pèlerins, du Dard, bois Magnin, les Montées, gorges de la Diosaz, Sainte-Marie, Tête-Noire (Payot) ; mont Cenis (Huguenin) ; le Chasseron (Lesquereux).

MNIUM

M. CUSPIDATUM. — Zone silvatique ; nul dans la région méditerranéenne inférieure ; Aulas, Gard (Tuezkiewicz) ; assez répandu dans le Bugey inférieur (Debat) ; dans la Haute-Savoie, mont Salève (Guinet) ; Thonon ; environs de Faverges, roc de Chères près le lac d'Annecy (Chatelain).

M. AFFINE. — Même dispersion que le précédent ; les Maures, bords du Gardon (Boulay) ; vallon de Ségur (Husnot) ; roc Hélène, Beaujolais (Fr. Pacôme) ; route de Vernayaz (Debat) ; assez commun aux environs de Lyon, mais en général stérile (Debat) ; le Jardin, bassin inférieur de l'Arve (Payot).

M. INSIGNE. — A rechercher dans le bassin, où il est très rarement signalé, sans doute à cause de sa ressemblance avec l'*affine*, dont suivant Boulay il n'est qu'une variété. Marais de Saône, tourbières du Jura (Flagey).

M. MEDIUM. — Zone silvatique moyenne et supérieure : la Vaux, près Fleurier, val de Travers (Lesquereux) ; Villard-de-Lans, Prémol (Ravaud) ; vallée de Bérard (Payot) ; Montferrand (Flagey).

M. MARGINATUM. — De la zone silvatique inférieure à la zone subalpine ; Arphy, Gard (Tuezkiewicz) ; çà et là dans les Alpes et le Jura (Boulay). — Rare.

M. ROSTRATUM. — Zone silvatique. Assez rare dans la région méditerranéenne : Nice (Bescherelle) ; Var (De Mercey) ; Gard (Boulay) ; vallée de l'Ubaye (Boudeille) ; assez répandu dans la Haute-Savoie, au Bouchet, aux Chavans, aux Montées, etc. (Payot) ; mont Salève (Guinet) ; bords du Rhône près Genève (Roux) ; çà et là autour de Lyon sur les endiguements en pierre calcaire (Debat) ; environs de Besançon (Flagey).

M. HORNUM. — Zone silvatique. Commun dans la région méditerranéenne ; assez répandu dans les Alpes du Dauphiné (Ravaud) ; la Haute-Savoie, aux Montées, aux Chavans, au Chatelard, à Servoz, à la Tête-Noire (Payot) ; Pointe de Surcou (Guinet) ; en divers points près de Lyon, Dardilly, Charbonnières, Tassin, Chaponost (Debat); le Garon, Francheville, le Pilat (Fr. Pacôme).

M. UNDULATUM. — Zone silvatique, moyenne et subalpine; assez commun dans la région méditerranéenne; Valsaintes, rare; revers nord de Lure (Renauld); les Maures, Rians (Frère Pacôme); répandu dans le Jura; dans la Haute-Savoie, massif du mont Blanc (Payot); mont Salève (Guinet). Très commun aux environs de Lyon, surtout à la lisière des taillis et sous les haies dans les endroits frais, au Pilat (Debat).

M. SERRATUM. — Répandu dans le Jura; forêt de la Dôle, près Onex, mont Salève (Guinet); assez commun dans le massif du mont Blanc, gorges de la Diosaz, Vaudagne, Servoz, Sainte-Marie, Saint-Gervais (Payot); Villard-de-Lans, la Tancanière, les Touches, forêt du bois Rolland (Ravaud); vallée de l'Ubaye, Saint-Nizier près Grenoble (Boudeille); Annecy (Chatelain); Tassin près Lyon (Debat); Gard (Boulay); vallon de Ségur, Saint-Véran (Husnot); Laissey, Arcier, etc. (Renauld).

Forma depauperata. — Mont Vautier, couloir des Nants, Tête-Noire, zig zags de Salvan (Payot).

M. ORTHORYNCHUM. — Zones subalpine et alpine supérieure. Gard, Brama-Bioou (Boulay); revers nord de Lure (Renauld); la Vachière, vallon du Ségur (Husnot); disséminé dans le haut Jura, la Dôle (Guinet); mont Salève (Guinet); le Couvercle, la Diosaz, le Chatelard, Servoz, les Montées, bois Magnin, les Pèlerins, Nant-Profond, Sainte-Marie, la Griaz, Tête-Noire, (Payot); gorges d'Engins, la Tancanière, forêt du bois Rolland (Ravaud).

M. SPINOSUM. — Même dispersion que le précédent. Commun dans le Jura; le Chasseron; vallée du Reposoir (Guinet); Bourg-d'Oisans (Lorenti); Aiguilles-Rouges, lac Cornu, le Bouchet (Payot); revers nord de Lure, le Pelvoux (Renauld).

M. SPINULOSUM. — Zone subalpine. Aux Montets, aux Chavans (Payot); les Contamines, près Chamounix (Müller).

M. PUNCTATUM. — Région silvatique; les Maures, Saint-Daumas (Fr. Pacôme); Ardèche; Allevard; à la Tailla (Debat); environs d'Annecy, Talloires, roc de Chères, la Motte près Faverges (Chatelain); le Colombier, mont Salève, monts Voirons, Divonne (Guinet); la Griaz, aux Mottets, col de Balme, mont Vautier, le Jardin, au Bouchet, Sainte-Marie, gorges de la Diosaz, Vaudagne (Payot); commun aux environs de Lyon mais en général stérile, fertile à Tassin (Debat) ; bois au-dessus de la Grande-Chartreuse (Ravaud) ; Grandvillars (Renauld) ; Pilat (Fr. Pacôme).

Var. *elatum*. — Au Bouchet, mont Joly (Payot).

M. STELLARE. — Région silvatique. Aulas, Gard (Tuezkiewicz); çà et là dans le Jura ; mont Salève (Guinet) ; col de Balme, gorges de la Diosaz, aux Montées (Payot) ; Faverges (Chatelain ; Villard-de-Lans, les Touches (Ravaud); nous l'avons rencontré à Orliénas, près Brignais ; Laissey (Renaud et Paillot).

M. LYCOPODIOIDES. — Le Couvercle, glacier des Pèlerins, bois à Sixt (Payot); aux Plans, près de Bex (Philibert).

M. CINCLIDIOIDES. — Indiqué au mont Cenis par Bonjean.

CINCLIDIUM

C. STYGIUM. — Indiqué au Lautaret par Ravaud.

AMBLYODON

A. DEALBATUS. — De la zone silvatique moyenne à la zone alpine supérieure. Mouthe, Jura (Vuez); gorges d'Engins, la Moucherolle, val Jouffrey (Ravaud) ; mont Cenis ; vallon de Ségur en Queyras, chalets de la Tronchée, chalet de Ruine, vallée de Molines, vallée du Guil (Husnot); la Blachère, Saint-Véran, Pelvoux (Boulay); combe de Villette, près Bramans en Savoie (Saint-Lager).

CATOSCOPIUM

C. NIGRITUM. — Haut Jura (Chaillet); près de Courmayeur, col de Balme (Payot); mont de Lans (Ravaud) ; vallon de Ségur (Saint-Lager); Grandvillars (Boulay) ; vallon de Molines, chalets de la Tronchée (Husnot); Lanslebourg (Bescherelle) ; Briançon (Boulay).

MEESEA

M. ULIGINOSA. — Grandvillars (Boulay) ; mont Charvin, près Faverges (Chatelain); mont Sambuy (id.). Divers endroits dans le massif du mont Blanc où le type fait généralement place à la var. *alpina*.

Var. *alpina*. — Chasseron (Lesquereux) ; le Suchet, la Dôle, le Colombier, le Reculet (Flagey) ; Sous-Dine (Guinet) ; rigoles du Buet, du mont Vautier, Aiguille du Grépon, Aiguilles-

Rouges, Arlevé, bois Magnin, la Griaz (Payot); petite Moucherolle, le Grand-Som (Ravaud); Saint-Véran, vallon de Ségur (Husnot).

Var. *minor*. — Vallée de Zermatt; combe de Villette (Saint-Lager); vallée de Molines, col de Ruine (Husnot).

M. TRISTICHA. — Assez répandu dans les tourbières du haut-Jura, de Pontarlier (Flagey, Renauld); marais de Lossy (Guinet); mont Cenis (Huguenin).

M. LONGISETA. — Chasseral (Mougeot); les Sagnettes (Lesquereux); marais de Lossy (Müller); mont Cenis (Huguenin, Bonjean); cette espèce est actuellement introuvable. Il est à désirer qu'on persévère dans les recherches).

PALUDELLA

P. SQUARROSA. — Tourbières du haut Jura (Lesquereux); de la Planée (Flagey).

AULACOMNIUM

A. ANDROGYNUM. — Région silvatique. Taillefer (Ravaud); bois de Coupeau, bois de Follière, du Larzet, source des Nants (Payot); mont Salève (Guinet); Lautaret; roc de Chères près le lac d'Annecy (Chatelain); Saut-du-Gier (Fr. Pacôme); environs de Lyon, à Charbonnières (Debat),

A. PALUSTRE. — Le Couvercle (Payot); mont Salève (Guinet); en général assez répandu dans l'Isère et la Savoie; tourbières à Talloires (Châtelain); abondant vers la ferme du Pilat (Debat); tourbières autour de Chamounix (Payot); Tanargue, Ardèche (Fr. Pacôme).

Var. *imbricatum*. — Lac Cornu et Aiguilles-Rouges (Payot).

Var. *fasciculare*. — Route de Vernayaz dans la Vallorsine (Debat); marais de Lossy (Guinet); Leschaux (Payot).

Var. *alpestre*. — Source des Nants, col de Balme (Payot).

Des échantillons recueillis aux Aiguilles-Rouges par Payot nous ont présenté un cas tératologique singulier. Des rameaux adventifs très différents des rameaux normaux se sont développés sur des tiges enfoncées dans la vase.

OREAS

O. MARTIANA. — Indiqué dans le bois Magnin, près le col de Balme, par Payot.

BARTRAMIA

B. stricta. — Répandu dans la région méditerranéenne ; Cannes ; Fréjus ; Esterel ; Montpellier (De Mercey) ; le Luc, bois de Paiolive, entre Berrias et Chassagne (Fr. Pacôme) ; Nîmes ; le Vigan ; Tournon ; Valsaintes et Carnioles (Renauld) ; près de Lyon M. Philibert l'a signalé dans le vallon de [Sathonay et nous en avons trouvé une touffe unique à Orliénas.

B. ithyphylla. — De la zone moyenne à la zone alpine supérieure. Le Couvercle, la Flégère, la Glière, Aiguilles-Rouges, Pierre-à-Bérard (Payot) ; divers autres points du massif du mont Blanc (Debat) ; Bourg-d'Oisans ; monts Voirons (Guinet) ; Ardèche, le Pilat près Rochetaillée (Debat).

Var. *rigidula*. — Vallée de Zermatt (Saint-Lager).

B. pomiformis. — De la zone silvatique inférieure à la zone alpine moyenne. Disséminé dans la région méditerranéenne ; les Maures, les Sauvettes (Roux) ; le Vigan, Tournon (Boulay) ; Valsaintes (Renauld) ; les Vans, Ardèche ; assez commun dans le massif du mont Blanc ; les Montées, mont Vautier, le Chatelard, le Bouchet, bois Magnin, Gros-Béchard, Servoz, Aiguille du Gouté, Grands-Mulets, le Couvercle (Payot) ; Uriage, Allevard (Debat) ; répandu aux environs de Lyon dans les anfractures du gneiss.

Var. *crispa*. — Les Mayons du Luc (Hanry) ; le Vigan (Tuezkiewicz) ; Gonfaron et environs (Fr. Pacôme).

B. Hallebiana. — Descend moins bas que le précédent. Commun dans le Jura, la Dôle, le Chasseron, la Faucille (Flagey) ; Notre-Dame de la Gorge, mont Pétetot (Puget) ; au Cougnon, Aiguille-du-Tour, la Filliaz, les Pèlerins, Nant-Profond, Nant-du-Dard, du Grépon, la Jorace (Payot) ; la Vallorsine (Debat) ; Dent-d'Oche, Divonne, monts Voirons (Guinet) ; Faverges (Chatelain) ; Uriage (Debat) ; Prémol, la Moucherolle, Grande-Chartreuse, mont Granier (Ravaud) ; le Pelvoux, Grandvillars (Boulay) ; Ardèche.

B. Œderi. — Même dispersion que le précédent. Commun dans le haut Jura ; Laissey, Doubs ; le Reculet ; Haute-Savoie ; environs de Chamounix, Tête-Noire, Chatelard, Servoz, Montanvert, Taconnaz, Aiguille-à-Bochard, Sainte-Marie, les Montées, Pierre-à-l'Échelle, la Diosaz, la Griaz, les Bossons (Payot) ; mont Salève, mont Fully, vallée du Reposoir (Guinet) ; sur divers points dans le Bugey, le Colombier, le Credo ; roches de Berland, près Grenoble, St-Nizier (Boudeille) ; mont de Lans, la Moucherolle, Grande-Chartreuse (Ravaud) ; Allevard (Debat) ; revers nord du Ventoux, la Vachière (Boulay) ; revers nord de Lure (Renauld) ; vallon de Ségur, chalets de la Tronchée (Husnot) ; Nans, Gondenans, les Moulins (Paillot) ; vallée du Doubs, Baume-les-Dames, Laissey, Arcier, Gouille, etc. (Renauld).

CONOSTOMUM

C. BOREALE. — Chaillol-le-Vieux, Hautes-Alpes (Villars) ; mont Cenis (Huguenin), Aiguilles-Rouges (Payot).

PHILONOTIS

P. CALCAREA. — Rare dans la région méditerranéenne ; Vaucluse (Requien) ; près Nice (Bescherelle) ; chalet d'Ailefroide au Pelvoux (Boulay) ; Petit-Som au-dessus de la Grande-Chartreuse (Debat) ; vallée de l'Ubaye (Boudeille) ; Uriage (Debat) ; Villard-de-Lans (Ravaud) ; roc de Chères près le lac d'Annecy, Flumen (Chatelain) ; répandu dans le massif du mont Blanc, y forme des tapis souvent très étendus ; aux environs de Lyon à Frontonas, et commun sur les conglomérats à ciment calcaire lorsqu'ils sont arrosés par des sources, mais n'y atteint qu'un développement très imparfait.

P. FONTANA. — Rare dans la région méditerranéenne ; le Vigan (Tuezkiewicz) ; Pierrefeu (de Mercey) ; le Luc à la Verrerie (Fr. Pacôme) ; vallée du Reposoir (Guinet) ; le Pilat, Planfoy, et plus près de Lyon, bords du Garon et Chaponost (Debat).

Var. *falcata*. — Bords du Chasseysac ; environs de Chamounix, Mer-de-Glace, Bouchet, col d'Anterne, Calaveyron, Aiguilles-Rouges, l'Ognant, la Pendant, le Couvercle (Payot) ; le Queyras, col de la Traversette (Husnot).

Var. *gracilescens*. — Aiguilles-Rouges ; col de la Traversette.

P. MARCHICA. — Esperou, Gard (Boulay) ; entre Pierre-Pointue et Pierre-à-l'Échelle (Payot) ; Roc de Chères près le lac d'Annecy (Chatelain) ; citernes près Grenoble (Ravaud).

F. CAESPITOSA. — Bords du glacier de l'Aiguille-Verte, sur l'Ognant (Payot).

P. MOLLIS. — Nous rattachons à cette espèce des échantillons envoyés de Chamounix par M. Payot et qui se distinguent par la mollesse de la tige et des feuilles ainsi que par d'autres caractères. Ils sont stériles et souvent entremêlés avec le *P. marchica* sans cependant leur ressembler en aucune manière.

TIMMIA

T. MEGAPOLITANA. — Disséminé dans la région méditerranéenne ; St-Cassien (Roux) ; Ste-Baume, la Vachière (Boulay) ; chaîne de Lure (Renauld) ; vallée de l'Ubaye, d'Argure (Boudeille) ; mont Cenis ; mont Salève (Guinet) ; mont Chétif près Courmayeur (Payot) ; Loeche-les-Bains, le Reculet (Flagey) ; le Chasseron, Creux-du-Vent (Lesquereux ;) gorges d'Engins, les Jarrrauds, Petite-Moucherolle (Ravaud) ; le Queyras, vallée de Molines, chalets de la Tronchée (Husnot) ; environs de Briançon (Boulay).

T. AUSTRIACA. — Alpes-Maritimes (de Mercey) ; Pelvoux, la Vachière, Grandvillars, chaîne de Lure (Boulay) ; mont Cenis (Bescherelle) ; Lautaret, Pic du Bec, la Petite-Moucherolle, gorges d'Engins, Grande-Chartreuse (Ravaud) ; Abriès et vallon de Ségur en Queyras ; Sous-Dine (Guinet) ; Chasseron (Lesquereux) ; Songeonnaz, Planet-des-Houches, glacier des Bossons, Tête-Noire, vallée de Bérard, la Jorace, le Montanvert, gorges de la Diosaz, Valorsine, l'Ognant, Aiguilles-Rouges, etc. (Payot).

ATRICHUM

A. UNDULATUM. — Région des forêts. Rare dans la région méditerranéenne ; Jura ; mont Salève, environs de Genève ; aux Montées, Sainte-Marie, la Griaz, le Bouchet (Payot) ; commun dans un grand nombre de localités du bassin ; très répandu aux environs de Lyon (Debat) ; Valsaintes et probablement dans la chaîne de Lure (Renauld).

A. ANGUSTATUM. — Zone silvatique inférieure et moyenne ; assez rare dans le bassin ; Ardèche à Notre-Dame-des-Neiges ; environs de Faverges (Chatelain) ; nous l'avons rencontré à Orliénas près Lyon sur un rocher actuellement détruit ; le Bouchet, forêt de Sixt (Payot) ; diluvium de la Bresse (Philibert).

A. TENELLUM. — Étangs des monts Revaux, Haute-Saône (Renauld).

OLIGOTRICHUM

O. HERCYNICUM. — Descend rarement au-dessous de la zone alpine; escarpements du Pelvoux (Boulay); mont Cenis (Huguenin); divers points dans le massif du mont Blanc, Aiguilles-Rouges au Bouchet, Aiguilles de Grepon, la Floriaz, la Flégère (Payot).

Var. *elongatum.* — Les Six-Blancs et la Tête-Rouge (Payot).

POGONATUM

P. NANUM. — Région silvatique ; forêts des Maures (Hanry) : Beaulieu, Ardèche (Fr. Pacôme); Aizery, petit Salève (Guinet); bassin moyen et inférieur de l'Arve (Payot); assez disséminé autour de Lyon, notamment à Charbonnières, Tassin, Francheville (Debat); Frontonas, Saint-Genis-Laval (Fr. Pacôme).

P. ALOIDES. — Même dissémination que le précédent, mais beaucoup plus commun; les Maurettes (de Mercey); le Vigan (Tuezkiewicz); roc de Chères, près Annecy (Chatelain); Aizery, mont Salève, monts Voirons (Guinet); Allevard, environs de Lyon où il est très répandu sur les talus des chemins creux (Debat); le Montanvert, le Bouchet, les Montées (Payot).

Var. *Dicksoni.* — Pilat (Debat).

P. URNIGERUM. — Région subalpine et alpine. Aveze près le Vigan (Tuezkievicz); Ardèche, Vals et Entraigue, la Souche (Fr. Pacôme); Belledonne; Roc de Chères près le lac d'Annecy (Chatelain); monts Voirons (Guinet); la Diosaz, le Bouchet, les Montées, la Griaz, bois Magnin (Payot); le Valais (Saint-Lager).

Forma *crassa.* — Çà et là dans le massif du mont Blanc (Payot).

Var. *humile.* — Entre le Planet et le Rocher (Payot).

P. ALPINUM. — Dissémination du précédent. Ilot d'entre Porte, la Diosaz, Gros-Béchard, les Pélerins, le Bouchet, les Chavans, le Jardin, la Jorace (Payot); le Montanvert (Debat); le Valais; le Pilat près le Bessat et bords des bois (Debat); vallée du Séléon au Pelvoux (Boulay); est du reste assez répandu dans la zone montagneuse.

Var. *arcticum.* — Les Contamines, Montjoie, base du mont Chétif (Payot).

Var. *septentrionale.* — Aiguilles-Rouges, Aiguilles-du-Grepon, Montanvert (Payot).

POLYTRICHUM

P. sexangulare. — Zone alpine supérieure. Aiguilles-Rouges, Arlevé, Aiguilles-du-Grepon, Carlaveyron, Bellachat, le Brévent, col du Praz-Torrent (Payot) ; le Buet (Delavay) ; les Sept-Laux (Ravaud) ; le Pelvoux (Boulay) ; col de la Traversette (Husnot).

P. gracile. — Tourbières de la zone sous-alpine. Marais de Saône (Paillot); de Pontarlier (Flagey); Prémol (Pellat); lac Luitel (Ravaud); les Voirons (Puget); mont Cenis (Bonjean).

P. formosum. — Région des forêts. Boujailles, Doubs (Flagey); marais du Vely, Ain ; le Colombier; mont Faucille; mont Salève (Guinet); hameau des Barats, forêt des Pélerins (Payot). On applique souvent son nom à de beaux échantillons de *P. commune*, ce qui nous fait douter de plusieurs localités indiquées telles que l'Arbresle, Saint-Genis-Laval.

P. juniperinum. — Zone silvatique, moyenne et alpine ; disséminé sur les terrains siliceux de la région méditerranéenne, les Maures (Fr. Pacôme) ; mont Salève (Guinet); le Bouchet, les Pèlerins, les Montées (Payot) ; vers le Grand-Som, bergerie de Combové (Ravaud); Valsaintes, Banon, la Rochegiron (Renauld) ; St-Quentin, Isère, St-Genis-Laval, Chaponost, Doisieux (Fr. Pacôme).

Var. *alpinum*. — Le Reculet (Guinet); vallée de l'Ubaye (Boudeille); le Couvercle (Payot), le Grand-Som (Ravaud) ; sommet de la chaîne de Lure (Renauld).

P. piliferum. — Région des forêts, atteint la zone alpine ; Ilot d'Entre-Porte, le Bouchet, les Montées, le Montanvert, le Cougnon, aux Gaillands (Payot); mont Salève (Guinet); Faverges (Chatelain); très commun dans les montagnes granitiques des environs de Lyon (Debat); Valsaintes, sommet de la Chaîne-de-Lure (Renauld).

Var. *Hoppei*. — Le Jardin (Payot).

P. strictum. — Tourbières. Bellevaux, Habères-Lullin, (Puget); Chanrousse (Ravaud); marais de la Pile à la Dôle, mont Salève (Guinet); marais du Vely, Ain ; de Pontarlier (Flagey); de Chères, près le lac d'Annecy, (Chatelain); col de Balme (Payot).

Var. *glaucescens*. — Avec le type au col de Balme.

P. commune. — Très commun dans toutes les zones moyenne

et subalpine du bassin, sauf dans la région méditerranéenne; abonde autour de Lyon et d'Allevard, de Chamounix, etc.

Var. *perigoniale*. — Bellevaux (Puget).

DIPHYSCIUM

D. FOLIOSUM. — Nul dans la région méditerranéenne. Répandu dans la zone moyenne et subalpine, mais échappe souvent aux recherches. Monts Voirons (Guinet); Talloire (Chatelain); très commun dans le bois de l'Étoile à Charbonnières, près Lyon (Debat); Pierre-à-Bérard, le Brévent, Songeonnaz (Payot).

BUXBAUMIA

B. APHYLLA. — Zone silvatique inférieure et moyenne; rare dans le Jura; Creux-du-Vent (Lesquereux); çà et là dans la Savoie (Paris); Prémol, bois des Touches (Ravaud); disséminé sur plusieurs points près de Lyon, Charbonnières, Tassin, Lentilly, mais d'une recherche difficile (Debat).

B. INDUSIATA. — Forêts de Sapins. Chaîne de Lure (Boulay); mont Cenis (Bonjean); massif du mont Blanc, rare (Payot); La Vaux, Creux-du-Vent (Lesquereux); près la chapelle Saint-Bruno (Ravaud).

FONTINALIS

F. ANTIPYRETICA. — De la zone inférieure à la zone alpine. Répandu dans tous les cours d'eau du bassin. Ne fructifie généralement qu'à une certaine altitude.

Var. *robusta*. — Arenthon (Puget); assez commun dans le massif du mont Blanc, au Chatelard, à Tête-Noire, à Servoz (Payot).

Var. *gracilis*. — Massif du mont Blanc, près les chalets de la Balme, et aux Aiguilles-Rouges (Payot).

F. SQUAMOSA. — Moins répandu que le précédent. L'Espérou, Gard (Boulay); Chanrousse, Prémol, fertile aux Balmes de Fontaine (Ravaud); Valbenoite (Frère Pacôme).

F. DURIAEI. — Assez répandu dans le Midi; Fontaine à Nîmes, le Gardon, Saint-Nicolas, Fréjus, l'Esterel (Boulay).

CRYPHÆA

C. HETEROMALLA. — Bois de Campagne, près Nîmes (Boulay); vallon de Saint-Pons (Roux).

LEPTODON

L. Smithii. — Région silvatique jusqu'à la zone subalpine ; assez commun dans la région méditerranéenne ; Sainte-Baume, Saut-de-l'Ane, Rians, le Luc; les Mées, Forcalquier, Banon, mont Salier, la Rochegiron, chaîne de Lure, revers sud (Renauld); Paiolive, Berrias (Fr. Pacôme); mont Salève (Guinet); bassin moyen et inférieur de l'Arve (Payot); près les Cuves de Sassenage (Ravaud); a été rencontré dans le vallon d'Oullins, près Lyon, par le docteur Lortet, mais paraît avoir disparu.

Var. *filescens*. — Pied de la Grande-Gorge, au mont Salève (Guinet) ; revers nord de la chaîne de Lure.

NECKERA

N. complanata. — Répandu dans toute la zone silvatique, mais en général stérile. Commun dans la région méditerranéenne, les Mées, Forcalquier, la Rochegiron, chaîne de Lure (Renauld); environs de Lyon, particulièrement Mont-d'Or lyonnais, vallon de la Cadette; dans le Bugey, dans l'Isère, à la Tête-Noire, aux gorges de la Diosaz; fréquent sur les troncs.

Fertile aux environs de Genève, bords du Vengeron, mont Salève (Guinet) ; à Montferrand, Doubs (Flagey).

Var. *secunda*. — Aux Montées, Vadogne, Nant des Praz (Payot).

N. Sendtneriana. — Répandu surtout dans la région méditerranéenne ; Rians, le Cannet (Frère Pacôme) ; Sainte-Baume (Philibert) ; Digne, chaîne de Lure (Boulay). Signalé près de Chamounix, par Payot, aux Montées, à Sainte-Marie-aux-Fouilly ; val d'Hérens, dans le Valais (Philibert).

N. crispa. — Zone des forêts. Répandu dans l'Ain, Bugey, dans l'Isère, dans la Savoie, Haute-Savoie, le Jura, les environs de Genève, mont Salève; balmes de Sassenage; bords du Gardon; les Mées, Forcalquier, Banon, Niozelles, chaîne de Lure, près de Digne (Renauld) ; Rians, le Cannet, Joyeuse, Gigondas (Frère Pacôme) ; cà et là autour de Lyon, mais rare, à Saint-Romain-au-Mont-d'Or et à Rochecardon (Debat).

Var. *falcata*. — Avèze, Gard (Anthouard); aux Montées (Payot).

N. pennata. — Région silvatique, mais de préférence dans les forêts de Hêtres ; les Montées, Sainte-Marie, le Chatelard, mont Vautier, Vaudagne (Payot) (1). Au-dessus de Bex (Philibert).

N. PUMILA. — L'Espérou, Gard (Boulay); environs de Pontarlier, rochers du Scez, Hortaz (Payot).

N. MENZIEZII. — *(N. turgida*, forma *minor* de Boulay). Découvert au Chatelard, près Chamounix, par Payot, et à la Côte de Servoz.

N. MEDITERRANEA. — *(N. turgida*, forma *major* de Boulay); chaîne de Lure (Renauld); Sainte-Baume (Boulay).

HOMALIA

H. TRICHOMANOIDES. — Zones silvatiques inferieure et moyenne. Nul dans la région méditerranéenne. Environs de Besançon (Flagey); ravin de l'Arve (Guinet); bassin moyen et inferieur de l'Arve (Payot); assez répandu aux environs de Lyon (Debat).

H. LUSITANICA. — Disséminé dans la région méditerranéenne, mais peu commun; le Cannet, Sainte-Baume, ruisseau des Singes (Fr. Pacôme).

LEUCODON

L. SCIUROIDES. — Assez répandu dans le bassin dans la région silvatique. Zone des Oliviers, Mirabeau, les Mées, Forcalquier, Banon, la Rochegiron, chaîne de Lure (Renauld); Rians, Joyeuse, l'Argentière (Fr. Pacôme); environs de Lyon (Debat); ravin d'Aire (Guinet); plusieurs localités dans la Haute-Savoie.

Var. *gracilis*. — Région méditerranéenne.

Var. *falcata*. — Disséminé autour de Chamounix (Payot).

L. MORENSIS. — N'est sans doute qu'une forme du précédent. Commun dans le Midi; le Luc, Rians, etc.; Songeonnaz, gorges du Trient (Payot).

PTEROGONIUM

P. GRACILE. — Zones silvatiques inférieure et moyenne; commun dans la région méditerranéenne; Valsaintes, Carnioles (Renauld); Rians, le Luc, Jaujac (Fr. Pacôme); rencontré sur les rochers du Corandin, près le Garon (Debat).

---

(1) La plupart de ces stations nous semblent douteuses.

ANTITRICHIA

A. CURTIPENDULA. — Zone silvatique. Nul dans la région méditerranéenne ; Banon, Valsaintes, revers nord de Lure (Renauld) ; vallée de Rolun, Haute-Saône (Flagey) ; environs de Pontarlier et vallée du Doubs, mont Salève (Guinet) ; mont Vautier, Gorges de la Diosaz, Nant du Grepon, du Dard, le Grand-Bois, Songeonnaz (Payot) ; Ardèche ; Pilat, vers le Bessat (Fr. Pacôme) ; Grande-Chartreuse, de Corençon à Saint-Aignan (Ravaud) ; Jussey (Madiot).
Var. *minor*. — Ardèche, vers Notre-Dame-des-Neiges (Debat).
A. CALIFORNICA. — Très rare ; Niozelles, Basses-Alpes, Sainte-Baume (Boulay).

PTERYGOPHYLLUM

P. LUCENS. — Zones silvatiques moyenne et subalpine ; Prémol (Pellat) ; monts Voirons (Guinet) ; Servoz (Puget) ; vallée de Bérard, la Diosaz, rigoles du mont Vautier, Vaudagne (Payot) ; mont Cenis (Huguenin) ; Saut-du-Gier (Saint-Lager).

FABRONIA

F. PUSILLA. — Répandu dans la région méditerranéenne ; Nice, Ampus, Vidauban, Pierrefeu, Monaco, Niozelles, Basses-Alpes (Renauld) ; Saint-Fons, Nîmes, le Vigan, Tournon (Boulay) ; Romans (Clément) ; trouvé près de Lyon, à Crémieu, sur des Tilleuls (Guichard, Debat).
F. OCTOBLEPHARIS. — Saint-Martin-Lantosque (Philibert) ; les Maurettes (de Mercey).

HABRODON

H. NOTARISII. — Sainte-Baume, Vals, Aix-en-Provence (Philibert) ; Forcalquier, chaîne de Lure (Renauld).

MYRINIA

M. PULVINATA. — Découvert à Bruailles, Saône et Loire, par M. Philibert.

LESKEA

L. POLYCARPA. — Zone silvatique inférieure ; çà et là dans la région méditerranéenne ; le Gardon (Boulay) ; assez commun aux environs de Lyon et départements limitrophes ; répandu autour de Chamounix (Payot) ; Jussey (Madiot) ; vallée du Doubs et de l'Ognon.

Var. *paludosa*. — Mont Rachais (Boudeille).

Var. *tenella*. — Le Vigan (Anthouard).

L. NERVOSA. — Zone subalpine ; çà et là dans le Jura et les Alpes ; Pèlerins, ravins des Plans, etc. (Payot) ; chaîne de Lure (Renauld).

ANOMODON

A. LONGIFOLIUS. — Zones inférieure et moyenne ; Haute-Savoie (Puget) ; Laissey, Nans, la Malate (Renauld) ; Trou d'Enfer (Flagey) ; val de Travers (Lesquereux) ; les Montées, le Chatelard, Servoz (Payot).

A. ATTENUATUS. — Zone silvatique moyenne. Les Vans, près le Vigan (Tuezkiewicz) ; rare dans la chaîne de Lure (Renauld) ; Pringy (Puget) ; Sixt (Saint-Lager) ; Montferrand (Flagey) ; Allevard, Ambérieu en Bugey, Brignais, Chaponost (Fr. Pacôme) ; Tassin et Francheville, près Lyon (Debat) ; le Cougnon, le Bouchet, Gorges de la Diosaz, rochers du Scez, les Montées (Payot) ; près le Saint-Eynard (Ravaud).

A. VITICULOSUS. — Zone silvatique. Rare dans la région méditerranéenne ; les Mées, Forcalquier, la Rochegiron, chaîne de Lure (Renauld) ; Pizançon, mont Salève et environs de Genève (Guinet) ; commun aux environs de Lyon (Debat).

PSEUDOLESKEA

P. ATROVIRENS. — Répandu dans les zones sous-alpine et alpine. Jura, Alpes, notamment le Reculet, le mont Salève, le mont Billiat, le mont Méry, Belledonne ; les Aiguilles-Rouges, le Couvercle, Aiguille du Grepon, Crase à Bérard, Tête-Rouge, le Brévent, Pont-de-Perralotaz (Payot).

Var. *brachyclados*. — Aiguilles-Rouges, Sainte-Marie, les Montées (Payot) ; Belledonne ; Pelvoux (Boulay).

Var. *filamentosa*. — Divonne, sous-Dine, pointe du Surcou (Guinet) ;[Corençon (Ravaud) ; Sixt (Saint-Lager) ; mont de Lure, Grandvillars (Renauld) ; les Tours de Sales (Payot).

P. CATENULATA. — Zone subalpine. Sixt (Saint-Lager) ; Pointe d'Anday, vallée du Reposoir, mont Méry (Guinet) ; la Dôle (Flagey) ; Sassenage, Corençon (Ravaud) ; Faverges (Chatelain) ;

Crase à Bérard, col de Balme (Payot); revers nord de Lure (Renauld).

P. TECTORUM. — Troncs à Granvelle, Besançon (Philibert); sur un mur au petit Sacounex, près Genève (Rome).

HETEROCLADIUM

H. DIMORPHUM. — Zones sous-alpine et alpine. Alpes de l'Isère, Chamechaude (Ravaud); Voirons, Semnoz (Puget); très commun au mont Blanc, le Bouchet, le Brévent, Plampraz, les Pèlerins, le Cougnon, le Grepon, Montanvert, Gorges de la Diosaz, la Flégère (Payot); Pelvoux (Boulay).

Var. *compactum*. — Pelvoux (Boulay).

H. HETEROPTERUM. — De la zone moyenne à la zone alpine, les Montées, la Flégère, Aiguilles-Rouges (Payot); Taillefer (Ravaud); Brignais, près Lyon (Fr. Pacôme).

Var. *fallax*. — Disséminé dans le massif du mont Blanc.

THUIDIUM

TH. TAMARISCINUM. — Zone silvatique moyenne. Très rare dans la région méditerranéenne. Assez répandu dans le bassin; Petit-Salève, Aizery (Guinet); assez commun aux environs de Lyon (Debat); de Chamounix (Payot).

TH. RECOGNITUM. — Zone silvatique moyenne. Aulas, près le Vigan (Tuczkiewicz); Paiolive, Berrias (Fr. Pacôme); Chambellan (Chatelain); Petit-Salève et environs de Genève (Guinet); Allevard, bords du Garon, près Brignais (Debat); Laissey, Doubs, Fouvent, Larret, Jussey, Besançon (Flagey); le Bouchet (Payot); revers nord de Lure (Renauld).

TH. DELICATULUM. — Découvert à Vals par M. Philibert.

TH. ABIETINUM. — Zone des forêts, atteint la zone alpine, manque dans la région méditerranéenne. Les Mées, Forcalquier, Banon, la Rochegiron, chaîne de Lure (Renauld); se rencontre toujours stérile dans notre bassin; paraît avoir été rencontré une fois fructifié par M. Bonjean, de Chambéry. Environs de Besançon (Flagey); Allevard, environs de Lyon (Debat); le Bouchet, les Pèlerins, les Bossons (Payot).

PTERIGYNANDRUM

PT. FILIFORME. — Zone subalpine. Terrains siliceux des Alpes et du Jura.

Var. *heteropterum*. — Chaîne de Lure (Renauld) ; Beaufort en Savoie, le Valais, Fond de France, près Allevard (Saint-Lager) ; forêt d'Arvières ; Chamounix, Pierre-à-Bérard, le Cougnon, le Bouchet, Taconnaz, Songeonnaz, Peralotaz, Aiguilles-Rouges, le Grand-Bois (Payot).

Var. *filescens*. — Pilat (Fr. Pacôme) ; Chamounix (Payot, Debat) ; mont Salève, mont Billiat (Guinet) ; chaîne de Lure (Renauld) ;

Forma *ascendens*. — Aux Grands-Mulets (Payot).

LESCURAEA

L. STRIATA. — Zone subalpine. Chasseron, la Dôle, la Faucille (Flagey) ; monts Voirons (Guinet) ; entre le Planet et le Rocher, le Bouchet, Aiguilles-Rouges (Payot) ; le Pilat (Debat) ; Corençon (Ravaud) ; Chamechaude (Pellat) ; chaîne de Lure (Renauld).

Var. *saxicola*. — Abriès-en-Queyras ; Aiguilles-Rouges, le Bouchet, la Glière, la Flégère (Payot) ; chaîne de Lure.

PLATYGYRIUM

P. REPENS. — Rare dans le bassin. Indiqué dans le Dauphiné par Dejean, à la Grande-Chartreuse par Ravaud, près Chambéry au Bout-du-Monde par Paris ; le Bouchet (Payot).

PYLAISEA

P. POLYANTHA. — Zone silvatique inférieure. Répandu dans la Savoie (Payot) ; le Bouchet, Servoz, etc. (Payot) ; dans l'Isère (Ravaud) ; dans les Hautes-Alpes, près Gap (Borel) ; environs de Genève, (Guinet) ; très abondant sur les vieilles souches de vigne autour de Lyon (Debat) ; Cendrecourt (Madiot).

CYLINDROTHECIUM

C. CLADORRHIZANS. — Mouthe, (Vuez) ; Pontarlier, Ornans, Andelot, gare de Dannemarie (Flagey) ; Montferrand (Paillot) ; près Fleurier, (Lesquereux) ; Clarens, (Philibert).

C. CONCINNUM. — Nul dans la région méditerranéenne ; Villard-de-Lans, la Tancannière, les Jarrands (Ravaud) ; Clarens (Philibert) ; vallée de la Cadette, près Lyon (Debat) ; lac de Chède (Payot).

CLIMACIUM

C. DENDROIDES. — Zone silvatique inférieure et moyenne. Très rare dans la région méditerranéenne; le Luc (Henry); Païolive, Entraigues (Fr. Pacôme); le Vigan (Tuezkiewicz); le Chatelard près la Tête-Noire, Allevard, environs de Lyon, bords du Garon et de l'Izeron, Institut agricole d'Ecully (Debat); monts Voirons (Guinet); le Bouchet, les Montées (Payot); Sixt (Saint-Lager); Corençon (Ravaud).

ISOTHECIUM

I. MYURUM. — Zone moyenne et zone subalpine. Hyères, (J. Mercey); environs de Chamounix, aux Montées, Ste-Marie, Barberine, mont Vautier, le Chatelard, gorges de la Diosaz, Songeonnaz (Payot); de Grenoble, de Faverges, de Genève; disséminé çà et là autour de Lyon, St-Genis-Laval, Brignais, Chaponost, Beaunant, etc. (Debat); la Rochegiron (Renauld).

Var *robustum*. — Lachal (Chatelain); mont Salève, monts Voirons, (Guinet); St-Jean-d'Aulph (Saint-Lager); au Bouchet, Hortaz (Payot),

Var *elongatum*. — Près le glacier du Tour dans une caverne (Payot).

ORTHOTHECIUM

O. RUFESCENS. — De la zone moyenne à la zone alpine inférieure. Laissey (Renauld); Chaudanne (Payot); le Reculet, la Dôle (Guinet); en général le Haut-Jura; Charabotte, la Burbanche près Rossillon (Saint-Lager); Haute-Savoie (Payot); St-Gervais; fertile au glacier de Salaizon (Guinet); Isère, gorges d'Engins (Ravaud); Queyras (Husnot); Biolay, près Aix; Faverges (Chatelain); les Bauges en Savoie (Paris); Brama-Biou, Gard (Boulay); Ste-Marie, aux Montées, gorges de la Diosaz (Payot).

O. INTRICATUM. — Même dissémination que le précédent. — Près de Digne, Sainte-Baume (Boulay); chaîne de Lure, la Vachière, Grand-Villars, vallon de Ségur (Husnot); forêt d'Arvières; gorges d'Engins, Villars-de-Lans (Ravaud); environs de Chamounix, mont des Praz, Aiguilles-de-la-Glière, Lac Blanc, glacier des Bossons, chalets du Col de Balme (Payot); cascade de Beure, près Besançon (Flagey); Laissey, (Renauld).

O. CHRYSEUM. — Zones subalpine et alpine ; mont Cenis (Bescherelle) ; la Diosaz, sous le Brévent (Payot).

HOMALOTHECIUM

H. SERICEUM. — Très commun dans la zone moyenne et sous-alpine, Mirabeau, les Mées, Forcalquier, Banon, la Rochegiron, chaîne de Lure (Renauld) ; répandu sur les arbres ou sur les supports calcaires aux environs de Lyon (Debat) ; de Genève (Guinet) ; de Besançon (Flagey) ; de Chamounix (Payot) ; de Chambéry.

Forma *gracilis*. — Rochers du Scez (Payot).

H. PHILIPPEANUM. — Zone subalpine. Le Sapey, près la Grande-Chartreuse (Debat) ; vallée de l'Ubaye, (Boudeille) ; mont Salève (Guinet) ; environs de Chambéry, mont Galopaz ; Sixt (Saint-Lager) ; lac de Chède, bois de Joux, Servoz (Payot) ; chaîne de Lure (Renauld).

H. FALLAX. — (Considéré par Boulay comme une var. du *sericeum*). Répandu dans la région méditerranéenne ; Marseille, Montredon, la Valentine, Sainte-Baume, Nîmes (Boulay) ; Aix-en-Provence (Philibert).

CAMPTOTHECIUM

C. LUTESCENS. — Commun dans la région méditerranéenne et sur les supports calcaires dans notre bassin ; répandu dans la région des Oliviers à Lure ; s'élève sur les deux versants de la chaîne (Renauld) ; çà et là dans les environs de Lyon sur les conglomérats ; très abondant dans le Bugey, autour d'Ambérieu et de Tenay (Debat) ; environs de Genève, mont Salève, (Guinet) ; Faverges et nombreuses localités dans la Haute-Savoie ; autour de Chamounix, au Bouchet, et tout le bassin de l'Arve (Payot) ; environs de Besançon (Flagey).

C. AUREUM. — Répandu dans la région méditeranéenne ; Alpes-Maritimes, Var, Bouches-du-Rhône (Boulay) ; Aix-en-Provence (Philibert) ; Rians, à la Bourguède, Haut-Vacon, le Luc (Fr. Pacôme) ; devient rare dans le Gard et l'Hérault.

C. NITENS. — Zone moyenne jusqu'à la zone alpine inférieure. Tourbières de Pontarlier et marais de Saône (Flagey) ; marais de Lossy (Guinet) ; Pont-de-Beauvoisin, mont Cenis (Bonjean) ; Nivolet (Paris) ; Thonon (Payot) ; Villard-de-Lans et Sassenage (Ravaud) ; St-Vérand (Husnot).

PTYCHODIUM

P. PLICATUM. — De la zone sous-alpine à la zone alpine supérieure. Commun dans le Jura ; le Reculet (Rome) ; le Colombier (Debat) ; Loeche-les-Bains, mont Salève, mont Billiat, glacier de Salaizon, sous-Dine, Pointe de Surcou (Guinet) ; disséminé autour de Chamounix, côte du Piget (Payot) ; gorges d'Engins, de Corençon à St-Aignan, bords du Guiers vers la Grande-Chartreuse (Ravaud) ; Grandvillars, la Vachière, (Boulay) ; vallon de Ségur ; mont Nivolet près Chambéry (Saint-Lager).

BRACHYTHECIUM

B. LÆTUM. — Très rare dans le bassin. Bois de Montferrand (Flagey) ; sommet de Songeonnaz (Payot).

B. TRACHYPODIUM. — Près la Mure, Isère (Boulay) ; lac Cœurzet et grand Veymont (Ravaud).

B. SALICINUM. — Très rare ; mont Cenis (Bescherelle) ; près Gap, (Philibert).

B. ALBICANS. — De la zone moyenne à la zone alpine inférieure. Paraît nul dans la région méditerranéenne ; Montferrand (Flagey) ; Gevigney (Madiot) ; Marcy-le-Loup près Lyon, chemin Ste-Foy-lès-Lyon (Debat) ; Chaponost (Fr. Pacôme) ; côte du Piget, vallée de Bérard, mont Jovet, le Bonhomme (Payot).

Var. *alpinum*. — Aiguilles-Rouges (Payot).

B. GLAREOSUM. — Même dissémination que le précédent ; toutefois assez commun dans la région méditerranéenne ; Niozelles, les Mées, Forcalquier, Banon, Valsaintes, la Rochegiron, revers sud de Lure (Renauld) ; vallon de Ségur (Husnot) ; peu répandu dans le reste du bassin ; le Reculet (Flagey) : St-Jean-d'Aulph (Saint-Lager) ; au pied du Grand-Bois (Payot) ; vers le Grand-Som (Ravaud) ; Fouvent, Larret, Vaite (Renauld) ; Besançon, Salins (Paillot).

B. TAURISCORUM. — D'après M. Renauld, je rapporte à cette espèce un échantillon que j'ai recueilli au Montanvert.

B. SALEBROSUM. — Zone silvatique, atteint la zone alpine ; environs de Besançon (Flagey) ; Echirolles (Ravaud) ; col de Bérard, au Cougnon, la côte du Piget, hameau des Bois (Payot) ; Allevard (Debat) ; Auzery, vallée du Reposoir (Guinet) ; Sixt (Saint-Lager) ; Tassin près Lyon (Debat) ; revers nord de Lure, Pelvoux (Renauld) ; la Vachière (Philibert).

Forma *densa*. — Au col des Montets près l'Argentière, Haute-Savoie (Debat).

B. COLLINUM. — Zone alpine. Le grand Veymont (Ravaud) ; répandu dans le massif du mont Blanc ; le Couvercle, glacier des Pèlerins, revers nord des Aiguilles-Rouges, du Grépon, de la Glière, col de Pray, les Péclerays-sur-Argentière, col de Balme, Becs-Rouges, Grands-Mulets (Payot).

. B. MILDEANUM. — Var. *paludosum* du *salebrosum* (Boulay); Echirolles (Ravaud); Forêt de Serre (Flagey) ; Larret, Francheville, Haute-Saône (Renauld) ; marais de Sionnet près Genève (Rome).

B. CIRROSUM. — Zone alpine supérieure; la Moucherolle, Grand-Veymont (Ravaud); vallon de Ségur (Husnot) ; Pelvoux, Grandvillars (Boulay) ; çà et là dans le massif du mont Blanc, du col de Bérard aux Aiguilles-Rouges (Payot).

B. STARKII. — Zone subalpine et alpine ; Villard-de-Lans, Renage (Ravaud); lac de Chalin, Jura ; monts Voirons (Guinet) ; mont Otheran et mont Nivolet, Savoie (Paris); çà et là dans le massif du mont Blanc, base de la Loriaz, Tête Rouge sur le mayen de la Poya à Vallorsine (Payot).

B. GLACIALE. — Zone alpine supérieure; Pelvoux, Grandvillars, lac d'Allos (Boulay) ; mont Viso, col de la Traversette, col de Ruine (Husnot) ; mont Billiat (Guinet) ; très répandu dans le massif du mont Blanc, Aiguilles-Rouges, la Flégère, Brévent, Songeonnaz, Leschaux, la Glière, le Grepon, glacier d'Anolet, vallée de Bérard, le Buet, l'Aiguille-du-Tour, mont Jovet, le Bonhomme, glacier de la Blaitière, col de Balme et plusieurs autres localités (Payot).

B. GEHEEBII. — Région des Sapins. Chaîne de Lure (Boulay).

B. RUTABULUM. — Disséminé çà et là dans la région méditerranéenne. Très commun dans toute la zone silvatique des régions septentrionales, ne dépasse guère la zone subalpine ; ravin des Plans, des Pèlerins, de Songeonaz, au Bouchet (Payot).

Les var. *flavescens* et *densum*, çà et là avec le type.

Var. *longisetum*. — Faverges (Chatelain).

Var. *robustum*. — Les Bossons, les Pèlerins, Tête-Noire, le Bouchet (Payot).

B. RIVULARE. — Zone alpine. Rare dans la région méditerranéenne ; disséminé dans le Jura; bords du Doubs près

Besançon (Flagey); vallée de Bérard, au Bouchet, Aiguilles-Rouges, Barberine, Vallorsine, la Griaz, la Filliaz (Payot); mont Billiat, Pringy (Guinet); au Bessat, Pilat (Debat) ; fontaine au pied de la Moucherolle; fontaine de Vaucluse (Muthuon); les Couches, Planfoy (Fr. Pacôme, Ravaud).

B. CAMPESTRE. — Indiqué près Fleurier par Lesquereux ; n'a pas été retrouvé. Près de nos limites l'abbé Peyron l'avait signalé près de Montbrison.

B. VELUTINUM. — Zone silvatique ; rare dans la région méditerranéenne, les Mées, Forcalquier, Peyruis, St-Michel, Banon, la Rochegiron, Valsaintes, Chaîne-de-Lure (Renauld) ; le Luc (Fr. Pacôme); très répandu dans le reste du bassin ; environs de Lyon, de Genève, de Chamounix, principalement au Bouchet, à Hortaz, aux Montées, etc. ; le Pilat (Fr. Pacôme).

Var. *intricatum*. — Mêmes stations que le type.

B. VENUSTUM *(Olympicum du Synopsis)*. — Environs de Gap (Boulay); de Thonon (Payot).

B. REFLEXUM. — Zone subalpine ; le Chasseron (Lesquereux) ; mont Nivolet (Paris) ; mont Cenis (Bescherelle) ; les Rassaches (Payot); Grande-Chartreuse, Villard-de-Lans, la Tancanière (Ravaud) ; Pelvoux, chaîne de Lure (Boulay) ; Pilat (Fr. Pacôme).

Forme innommée : Aiguilles-Rouges (Payot).

B. POPULEUM. — Zone moyenne sous-alpine et alpine ; le Vigan (Tuezkievicz); Songeonnaz, au Fouilly, au Bouchet et dans toute la zone moyenne et inférieure de la vallée de Chamounix (Payot); ravin d'Aire, de l'Arve (Guinet) ; çà et là autour de Lyon, Tassin, etc. (Debat); Chaponost, Rochetaillée (Fr. Pacôme).

Var. *subfalcatum*. — Faverges (Chatelain).

Var. *rufescens*. — Thonon ; Songeonnaz, Tête-Noire, le Cougnon (Payot).

B. PLUMOSUM. — Zone moyenne, atteint la zone alpine ; Val-de-Travers (Lesquereux) ; çà et là dans les Alpes, aux Montées, à Hortaz, à Songeonnaz (Payot); disséminé dans les environs de Lyon, à Tassin, Chaponost, etc., prés humides et ombragés (Debat) ; Pilat (Fr. Pacôme).

Var. *homomallum*. — Çà et là avec le type, mais rare.

B. PAYOTIANUM. — Aiguilles-de-la-Loriaz, Aiguilles-Rouges, Crase du col de Trez-Torrent (Payot).

SCLEROPODIUM

S. ILLECEBRUM. — Commun dans la région méditerranéenne; Rians, Cannes, le Luc; Collobrières; les Mées, Forcalquier, Niozelles, Valsaintes, Banon (Renauld).

HYOCOMIUM

H. FLAGELLARE. — Val-de-Travers (Flagey).

MYRELLA

M. JULACEA. — Assez répandu dans le Haut-Jura; Chasseron (Lesquereux); mont Reculet; le Suchet (Boulay); mont Salève, rochers des Pitons, de la Petite-Gorge, sous-Dine (Guinet); dans le massif du mont Blanc, Ste-Marie, les Montées, mont Vautier, Songeonnaz, col de Balme, de Pierre-Pointue à Pierre-à-l'Échelle, les Rassaches, l'Ognant, les Aiguilles-Rouges (Payot); vallon de Ségur en Queyras; Ste-Victoire près Aix (Philibert); gorges d'Engins, la Tancanière, la Moucherolle (Ravaud); les Eaux-Chaudes près Digne; Ste-Baume; revers nord de Lure (Renauld); le Ventoux.

EURYNCHIUM

E. MYOSUROIDES. — Assez répandu dans la région méditerranéenne; nul dans le Jura; bois d'Echirolle, Renage, Villard-de-Lans (Ravaud); Englaunaz; Servoz; Brignais près Lyon (Fr. Pacôme).

E. STRIATULUM. — Disséminé dans la région méditerranéenne; les Mées; les Eaux-Chaudes près Digne (Renauld); rare dans le reste du bassin; signalé aux environs de Besançon, Arcier, Laissey (Renauld); à la Diosaz (Payot); Balmes-de-Fontaines (Ravaud).

Forma *meridionalis* seu *cavernarum*. — Ste-Baume (Boulay); Sallele, les Vans, St-Paul en Durance, Joyeuse (Fr. Pacôme).

E. STRIGOSUM. — Ravin des Plans, la Griaz, le Grand-St-Bernard (Payot); Banon, Rochegiron (Renauld).

Var. *imbricatum*. — Ravin des Plans avec le type (Payot); mont de Lure, la Vachière, le Pelvoux (Renauld); de St-Aignan à la cabane de la Chaux (Ravaud).

E. DIVERSIFOLIUM. — Ne paraît qu'une forme du précédent avec lequel il se rencontre en mélange.

E. LONGIROSTRE. — Très commun dans les zones silvatiques inférieure et moyenne, atteint la zone sous-alpine. Le Jura, le mont Salève ; gorges de la Diosaz, le Bouchet, le Grepon, mont Vautier, le Chatelard, Tête-Noire (Payot) ; les environs de Besançon et de Faverges ; très répandu autour de Lyon dans les taillis et bois ; le Pilat.

E. MERIDIONALE. — Remplace en grande partie le précédent dans la région méditerranéenne ; Marseille, Cassis (H. Roux); le Luc, le Cannet, Rians.

E. VAUCHERI. — Commun dans le Jura ; St-Gervais-les-Bains (Payot) ; mont de Lure, versant nord, vallée du Doubs et de la Loire (Renauld).

Var. *julaceum*. — Col de Bérard, bassin moyen et inférieur de l'Arve, Bonneville (Payot) ; le Suchet (Boulay).

E. VELUTINOIDES. — Signalé dans le Jura par Quélet.

E. CRASSINERVIUM. — Répandu dans la région méditerranéenne. De la Crase-à-Bérard au col de Salenton, la Flégère, ruisseau de Fontainette (Payot) ; Fouvent, Mont-le-Vernois, Gex, Besançon, vallée du Doubs (Renauld).

E. PILIFERUM. — Zones moyenne et alpine. Nul dans la région méditerranéenne ; bords de l'Arve, ravin près d'Aire (Rome) ; le Bouchet, Nant-du-Grepon et du Dard (Payot) ; Jussey, vallée du Doubs et de l'Ognon ; Beure, Arcier, Laissey, etc. (Renauld) ; indiqué à Beaunant, à Saint-Genis-Laval, à Rochetaillée par Fr. Pacôme ; ces localités nous semblent douteuses ; nous n'en avons pas vu d'échantillons.

E. SPECIOSUM. — Disséminé dans la région méditerranéenne ; Avignon (Requien) ; Hyères (de Mercey) ; les Maures du Luc (Roux) ; la Rose (Taxis) ; aqueduc de Roquefavour (Philibert) ; bords de la Fure, près Alivet (Ravaud) ; bords d'un ruisseau près Annemasse (Rome).

E. PRÆLONGUM. — Assez commun dans la région méditerranéenne ; Rians, etc.; aux environs de Lyon (Debat); de Faverges (Chatelain); de Genève, mont Salève, ravin d'Aire (Guinet); ravin du Plan, la Jorace, les Montées, Songeonnaz, la Griaz, zig-zags de Salvan.

Var. *condensatum*. — Saint-Romain-au-mont-d'Or (Debat).

Var. *meridionale*. — Les Vans, Beaucaire et nombreuses localités de la région méditerranéenne; Mirabeau, les Mées, Puymichel, Entrevennes, Forcalquier, revers sud de Lure (Renauld); Thonon (Puget); le Doubs, la Haute-Saône; Tassin, Charbonnières, Chaponost (Rhône).

Var. *atrovirens*. — Citerne au col du mont d'Ain (Debat).

Var. *innommée*. — Environs de Chamounix, vers les chalets de la Balme (Payot).

E. ABBREVIATUM. — L'Esterel (Boulay); Aulas (Tuezkiewicz); Arcier, dans le Doubs (Paillot); Larret, Montferrand, etc. (Renauld); bois de Chaland (Ravaud).

E. PUMILUM. — Commun dans la région méditerranéenne; bords du Gardon (Boulay); Aulas (Tuezkiewicz); Hyères (de Mercey); parc d'Alivet, près les Cuves de Sassenage (Ravaud); Laissey, Doubs (Flagey).

E. TEESDALII. — Cuves de Sassenage (Ravaud).

E. CIRCINATUM. — Très commun dans la région méditerranéenne; Cassis, Saint-Pons, Mazargues (Roux); le Luc, Hyères (de Mercey); Rians, le Luc, Joyeuse (Fr. Pacôme); les Mées, Forcalquier (Renauld); Cascavon (Philibert); balmes près Sassenage (Ravaud). Nous rapportons à cette espèce les échantillons recueillis au bois de Rolland, près Villard-de-Lans et envoyés sous le nom de *Eurynchium Vaucheri*.

Var. *inundatum*. — L'Esterel, la Baume, bords du Gardon (Boulay); Fontaine de Vaucluse (Schimper). (C'est le *Scorpiurum rivale* du *Synopsis*).

E. STOKESII. — Rare dans la région méditerranéenne; assez commun dans la zone silvatique inférieure; Hyères (de Mercey); Rians (Fr. Pacôme); Aulas (Tuezkiewicz); Montferrand (Flagey); disséminé aux environs de Lyon (Debat); Tête-Rouge, mayens de la Poya, Vallorsine, la Griaz (Payot).

RHYNCHOSTEGIUM

R. TENELLUM. — Zone silvatique inférieure; très commun dans la région méditerranéenne; disséminé dans le reste du bassin; environs de Faverges (Chatelain); mont Salève (Guinet); environs d'Allevard, de Lyon, mais rare sur les poudingues près des aqueducs de Beaunant (Debat); environs de Besançon (Flagey); Renage (Ravaud).

Var. *meridionale*. — Environs de Nice; vallée de l'Ubaye (Boudeille); Forcalquier, Saint-Michel (Renauld).

R. CURVISETUM. — Commun dans la région méditerranéenne; Hyères, Pierrefeu (de Mercey); le Luc (Hanry); environs de

Marseille (Sarrat-Gineste) ; Esterel, Uzès (Boulay) ; rare dans le Bugey (Renauld) ; aux Etroits, près Lyon (Debat) ; Arcier, Laissey, Doubs (Renauld et Paillot) ; mont Billiard (Quélet).

R. DEPRESSUM. — Rare dans tout le bassin ; Sainte-Baume, grotte au-dessous de l'Échauda au Pelvoux (Boulay) ; Montferrand, Doubs (Flagey) ; ravin d'Aire, près Genève (Guinet).

R. CONFERTUM. — Très commun dans toute la zone silvatique inférieure. Très répandu aux environs de Lyon.

Var. *Delognei*. — L'Esterel, Nîmes (Boulay) ; Chatenois, Haute-Saône (Boulay).

R. MEGAPOLITANUM. — Commun dans la région méditerranéenne ; répandu dans la région des Oliviers, du bassin de la Durance (Renauld) ; Aix-en-Provence (Philibert) ; le Luc, Rians, au Defens, environs de Marseille ; n'a pas encore été rencontré dans les parties plus septentrionales du bassin.

R. ROTUNDIFOLIUM. — Paraît rare dans le bassin parcequ'il échappe aux recherches, à cause de sa ressemblance avec le *R. confertum* espèce très commune. Aux Maurettes (de Mercey) ; près de Thonon (Puget) ; bassin moyen et inférieur de l'Arve (Payot) ; Renage, coteau d'Echirolles, bords de la Fure (Ravaud) ; Chaponost, Sainte-Foy-lès-Lyon, çà et là sur plusieurs autres points autour de Lyon (Guillemin, Debat) ; Rochetaillée (Frère Pacôme).

R. MURALE. — Très répandu dans le bassin au-dessus de la region méditerranéenne dans la zone silvatique et moyenne ; le Vigan (Anthouard) ; Bourg-de-Péage (Hervier) ; environs de Genève, mont Salève (Guinet) ; bassin moyen et inférieur de l'Arve (Payot) ; environs de Besançon (Flagey) ; commun sur le mortier des vieux murs et pierres calcaires, aux environs de Lyon (Debat).

Var. *julaceum*. — Ravin de l'Arve (Guinet); Allevard (Debat).

R. RUSCIFORME. — Très répandu dans tout le bassin, sauf dans les localités de la région méditerranéenne où l'eau fait défaut ; atteint la zone alpine ; divers points dans le massif du mont Blanc (Payot).

Var. *inundatum*. — Monaco, Esterel, le Vigan.

Var. *atlanticum*. — Uriage, Sassenage, Gorges Mystérieuses (Payot); les Maurettes (Fr. Pacôme).

Var. *prolixum*. — Faverges (Chatelain) ; Besançon (Flagey) ; Fontaine de Tréconnade, à Rians (Fr. Pacôme).

Var. *squarrosum*. — Tassin, près Lyon (Debat); Chapelle Rambaud, Haute-Savoie.

Var. *spinulosum*. — Montmain, près Faverges (Chatelain).

Var. *laminatum*. — La Dôle (Boulay); Peyruis, Basses-Alpes (Renauld).

THAMNIUM

T. ALOPECURUM. — Zone montagneuse; rare dans la région méditerranéenne; Montrieu (de Mercey); le Vigan (Tuezkiewicz); Carsès, le Cannet (Roux); Sainte-Baume, Digne (Boulay); le Luc, à Pas-Recours (Fr. Pacôme); disséminé aux environs de Lyon, à Dardilly, Francheville, Décines (Debat); Pilat, Garon (Fr. Pacôme); abondant près de Saint-Rambert en Bugey (Debat); mont Salève, Evian, Gex (Guinet); bassin moyen et inférieur de l'Arve (Payot); vallée du Doubs, de l'Ognon, Montferrand, Beure, Arcier, Laissey (Flagey et Renauld); Jussey (Madiot).

PLAGIOTHECIUM

P. PULCHELLUM. — Zones subalpine et alpine moyenne; mont de Lure, Allos, Briançon, Pelvoux (Boulay); lac du Lauzanier (Boudeille); Divonne, Lavaux (Lesquereux); le Cougnon, Songeonnaz, la Mer-de-Glace, bois Magnin (Payot).

P. NITIDULUM. — Ne paraît qu'une forme du précédent. La Moucherolle, Chamechaude, Villard-de-Lans, forêt du bois Rolland (Ravaud); Haute-Savoie, la Jorace, mont Vautier, Vaudagne, la Forclaz, les Houches, le Bouchet, Grepon (Paris, Payot); monts Voirons (Guinet); Sixt (Saint-Lager); revers nord de Lure (Renauld).

P. SILESIACUM. — Zone subalpine. Nul dans la région méditerranéenne; environs de Besançon (Flagey); mont d'Ain (Debat); la Dôle, mont Salève, vallée du Reposoir (Guinet); toutes les forêts autour de Chamounix (Payot); Pilat, forêt d'Arvières (Saint-Lager); mont Saint-Eynard (Boudeille); revers nord de Lure, mais rare (Renauld).

P. SCHIMPERI. — Très rare dans notre bassin; mont Salève, où il fructifie (Guinet).

P. DENTICULATUM. — De la zone inférieure à la zone alpine moyenne. Nul dans la région méditerranéenne; Pelvoux (Renauld); Saint-Eynard (Boudeille); mont Salève (Guinet); Hortaz, au Fouilly, ravin des Plans, Sainte-Marie, la Filliaz, la Jorace, la Griaz (Payot) ; Pilat, Planfoy, assez fréquent aux environs de Lyon, dans les vallons de Tassin, Francheville et analogues (Debat).

Var. *laxum.* — Glacier des Pèlerins (Payot).

Var. *densum.* — Au Fouilly, la Jorace, le Chatelard, Servoz (Payot).

Var. *tenellum.* — Pilat (Fr. Pacôme).

P. SILVATICUM. — Même dissémination que le précédent ; paraît toutefois plus rare. Gorges de la Diosaz, vallée de Bérard, Vallorsine, la Griaz, Aiguilles-Rouges, chalets de la Balme (Payot) ; Pilat (Fr. Pacôme) ; vallon de Tassin et analogues (Debat) : Jussey (Madiot) ; Fontain (Flagey).

Var. *rivulare.* — Saint-Jean-Bonnefond, près de nos limites ; les Étroits, près Lyon (Debat).

P. ROSABANUM. — Var. du précédent, suivant Boulay. Lac d'Allos (Boulay).

P. UNDULATUM. — Zones moyenne et subalpine. Assez répandu dans les Alpes ; le Pilat (Debat).

AMBLYSTEGIUM

A. SPRUCEI. — Zone subalpine ; mont de Lure, au-dessus d'Allos (Boulay) ; mont Cenis (Bescherelle) ; monts Voirons (Müller).

A. CONFERVOIDES. — Répandu dans le Jura ; Villard-de-Lans (Ravaud) ; bords de l'Arve (Rome), Saint-Andoche, Laissey, Montferrand et tous les environs de Besançon (Renauld et Flagey).

A. SUBTILE. — Rare dans la zone silvatique inférieure ; nul dans la région méditerranéenne ; Haut-Jura (Lesquereux, Flagey) ; Alpes de l'Isère (Ravaud) ; mont de Lure (Boulay) ; Alpes de la Savoie (Paris, Puget) ; Pringy, bords du Viaison, mont Salève, ravin de l'Aire, la Dôle (Guinet) ; forêts de Hêtres dans les zones moyenne et inférieure autour de Chamounix, Servoz, bois de la Jorace (Payot).

A. TENUISSIMUM. — Vassy, près Genève (Guinet).

A. ENERVE. — Environs de Faverges (Chatelain).

(*Nota*). La détermination que nous avons faite de ces deux dernières espèces, sur des échantillons uniques, nous paraît douteuse ; aussi nous ne les citons que pour provoquer de nouvelles recherches).

A. SERPENS. — Très commun de la zone inférieure à la zone subalpine ; disséminé dans la région méditerranéenne ; Valsaintes, la Rochegiron, revers nord de Lure (Renauld) ; abondant aux environs de Lyon (Debat) ; de Genève (Guinet) ; de Faverges (Chatelain) ; de Chamounix (Payot).

A. JURATZKANUM. — Rare dans notre bassin ; a été signalé à la Sauvette (Roux) ; Arcier, Besançon, Montferrand (Flagey).

A. LEPTOPHYLLUM. — Très rare dans notre bassin. Indiqué à Chamechaude (Ravaud) ; à Bourg-le-Péage (Fr. Pacôme).

A. RADICALE. — Disséminé dans la région méditerranéenne (Roux) ; Sassenage (Ravaud) ; dans le Doubs, à Montbéliard (Quélet).

A. RIPARIUM. — Commun dans la région méditerranéenne ; très commun de la zone inférieure à la zone moyenne ; marais de Décines, très rare (Debat) ; environs de Grenoble, de Chamounix, aux Bouchet, aux Montées de Servoz (Payot) ; les Touches, de Villard-de-Lans à Corençon (Ravaud).

Var. *inundatum*. — Marais de Charva, Isère (Debat) ; Romanèche, Saône-et-Loire, ruisseau à Chaponost (Fr. Pacôme).

Var. *indéterminée*, col d'Anterne, de Leschaux, Songeonnaz (Payot).

Var. *elongatum*. — Balmes de Sassenage (Ravaud).

A. IRRIGUUM. — Zones inférieure et moyenne, Arcier (Flagey) ; disséminé aux environs de Lyon, vallon d'Oriléas (Debat) ; bords de l'Eau-Noire (Payot).

A. FLUVIATILE. — Même dissémination que le précédent ; Villersexel (Paillot) ; répandu dans le massif du mont Blanc (Payot).

Forme *brevifolia*. — Arphy (Tuezkiewicz).

A. FALLAX. — C'est la var. *spinifolium* de l'*irriguum* suivant Schimper. Boulay la rattache à l'*hypn. filicinum*. Nous croyons que l'on a sous ce nom confondu deux formes, l'une se rattachant au *filicinum*, l'autre à l'*Amblyst. irriguum*. A cette dernière se rapporterait un échantillon provenant de Rians, fontaine du Haut-Vacon (Fr. Pacôme).

HYPNUM

H. HALLERI. — Zones subalpine et alpine. Répandu dans le Jura ; Gex (Fr. Pacôme) ; la Dôle, mont Salève, vallée du Reposoir, sous-Dine (Guinet) ; environs de Chamounix, Aiguilles-Rouges, au Bouchet, aux Rassaches (Payot) ; Sixt (Saint-Lager) ;

environs de Chambéry et d'Aix, les Bauges (Paris et Saint-Lager) ; la Moucherolle, Grande-Chartreuse, Pic-du-Bec, Corençon (Ravaud), mont de Lure, Grandvillars, mont Genèvre (Boulay) ; la Vachière (Renauld).

H. CHRYSOPHYLLUM. — Assez commun dans la région méditerranéenne ; atteint la région alpine ; Sainte-Baume (Roux) ; Rians (Fr. Pacôme) ; Les Mées, Forcalquier, Simiane, Banon, Valsaintes, Rochegiron, les deux versants de la chaîne de Lure (Renauld) ; environs de Besançon (Paillot) ; commun dans le Bugey (Saint-Lager) ; mont Salève (Guinet) ; glacier des Pèlerins, lac à Servoz, vallée de Bérard (Payot) ; bords du Drac (Ravaud) ; rare aux environs de Lyon (Debat).

Var. *subnivale*. — Pointe de Surcou (Guinet).

H. SOMMERFELTII. — Disséminé çà et là dans le bassin, ne dépasse pas la zone subalpine. Les Mées, Banon, revers nord de Lure (Renauld) ; Rians (Fr. Pacôme) ; environs de Lyon, Frontonas, Allevard (Debat) ; environs de Faverges, de Chambéry (Chatelain) ; Scey-sur-Saône, Jussey (Madiot).

H. HELODES. — Marais de Saône (Renauld, Flagey) ; de la Palanterie près Genève (Guinet) ; au Bouchet, à la Flégère (Payot).

H. STELLATUM. — Très rare dans la région méditerranéenne ; Raphèle, près d'Arles (Roux) ; Digne (Honorat) ; environs de Faverges (Chatelain) ; mont Salève (Guinet) ; Pierre-à-Bérard, sources de l'Arve, rigoles de la montagne de la Côte (Payot) ; vallée de Valorsine (Debat) ; Villard de Lans (Ravaud) ; très abondant dans les marais de Décines, près Lyon (Debat) ; marais de Rochefort, près Echirolles (Ravaud) ; Saint-Genis-Laval (Fr. Pacôme).

Var. *protensum*. — Mont d'Ain (Debat) ; mont Salève, Jura, près Gex (Guinet) ; ravin des Plans, Aiguilles-Rouges, forêt des Pèlerins (Payot).

Var. *alpina*. — Au-dessus d'Allos (Boulay).

Var. *radicans*. — Briançon (Boulay).

Var. *gracilis*. — Entre les chalets de la Balme et ceux d'Arlevé (Payot).

H. POLYGAMUM. — Marais de Saône (Paillot) ; tourbières de la Vèze (Flagey).

Var. *minus*. — Sainte-Victoire, près Aix (Roux).

H. SCORPIOIDES. — Tourbières du Haut-Jura (Lesquereux) ;

marais de Saône (Flagey, Renauld) ; marais de Lossy, près Genève, de la Pile au-dessous de la Dôle (Guinet) ; Cuves de Sassenage (Ravaud); mont Cenis (Bonjean ; Frontonas (Saint-Lager).

H. LYCOPODIOIDES. — Marais de Saône (Lesquereux, Flagey) ; près le pont de Claix (Ravaud).

H. ADUNCUM. — Le type n'a pas été rencontré dans le bassin sauf peut-être aux Aiguilles-Rouges (Payot).

Forma integrifolia. — Près le lac de Brévent (Payot).

Var. *gracilescens*. — Corcieux (Boulay) ; pointe de Jalouvre Haute-Saône (Renauld) ; route de Grenoble à Echirolles (Ravaud).

Var. *crispum*. — Clérieux, Guillerand (Fr. Pacôme) ; bords du Gardon, Prads (Boulay) ; marais de Lossy (Guinet).

H. KNEIFII. — Bords du Gardon (Boulay).

Var. *pungens*. — Marais de Saône (Flagey) ; Fossure, Pont-du-Secours (Paillot) ; étang du Loup, près Saint-Genis-Laval (Fr. Pacôme).

Var. *attenuatum*. — Marais de Pontarlier à la Planée (Flagey).

Var. *laxum*. — Larret (Renauld) ; Pont-du-Secours (Paillot) ; marais de Pontarlier (Flagey).

(NOTE. Nous considérons cette var. *laxum* comme une espèce distincte à cause des différences que présente le tissu cellulaire).

H. HAMIFOLIUM. — Marais de Saône et de la Planée (Flagey, Paillot, Renauld).

H. SENDTNERI. — Marais de Saône (Flagey) ; marais de Rochefort près Grenoble (Ravaud) ; Bellerive près Genève (Guinet).

Observation. — M. Guinet nous avait envoyé la plante de Bellerive sous le nom d'*Hamifolium*, désignation que nous avions d'abord acceptée. Un examen plus complet nous l'a fait rapporter au *Sendtneri*, tel que Boulay le décrit. La plante est moins régulièrement pinnée et a le port plus raide que celle des marais de Saône ; mais les autres caractères concordent et diffèrent de ceux de l'*hamifolium*.

H. FLUITANS. — Zone moyenne et subalpine ; tourbières des Rousses dans le Jura ; Aiguilles-Rouges (Payot).

Var. *falcatum*. — Mélangé au type.

Var. *gracilescens*. = Dans une mare à Charbonnières près Lyon (Debat).

H. EXANNULATUM. — Considéré par MM. Renault et Boulay comme une forme dioeque du *fluitans*. La Valorsine, les Aiguilles-Rouges (Payot).

Var. *pinnatum*. — Col de Balme, derrière le Brévent (Payot).

Var. *purpurascens*. — Lac Noir, Aiguilles-Rouges (Payot).
Var. *gracilescens*. — Tourbières de Pozettes (Payot).
Var. *stenophyllum*. — Sur plusieurs points dans les massifs du mont Blanc, lac du Brévent, Pierre-à-Bérard, rigoles du Buet, Aiguilles-à-Bochard, le Mauvais-Pas, entre les chalets de l'Ognant et de la Pendant, Saint-Gervais (Payot) ; Pilat (Debat).

H. REVOLVENS. — Tourbières du Jura (Lesquereux, Boulay) ; de Pontarlier (Flagey) ; Échirolles (Ravaud) ; Saint-Véran-en-Queyras (Husnot) ; lac de Tignes (Saint-Lager) ; le Bouchet (Payot).

H. INTERMEDIUM. — Marais de Saône, de Pontarlier (Flagey, Renauld) ; de Gyez (Chatelain) ; au Pelvoux (Boulay) ; marais de la Pile vers la Dôle, mont Salève (Guinet).

Vr. *subauriculatum*. — Marais de Pontarlier (Renauld).

H. COSSONI. — Marais de Saône (Flagey, Renauld).

H. UNCINATUM. — Zone moyenne et alpine supérieure ; répandu dans le Chablais et le Faucigny ; au Bouchet (Payot) ; le Queyras (Husnot) ; revers du nord de Lure (Renauld) ; vallée de l'Ubaye, le Saint-Eynard (Boudeille) ; monts Voirons, le Salève (Guinet) ; Villard de Lans (Ravaud) ; le Sapey près la Grande-Chartreuse (Debat) ; Arvières, Allevard (Saint-Lager) ; Lus-la-Croix-Haute, mont d'Or, Doubs (Flagey) ; le Pilat (Debat).

Var. *plumosum*. — Çà et là dans le massif du mont Blanc (Payot).

Var. *plumulosum*. — Le Dard, le Bouchet (Payot) ; le Pilat (Debat).

Var. *subjulaceum*. — Route de Chamounix à Vernayaz (Debat) ; Pic-du-Bec (Ravaud) ; au Bouchet (Payot).

Var. *abbreviatum*. — Marais de Salaizon (Guinet) ; Saint-Jean d'Aulph (Saint-Lager).

Var. *gracilescens*. — Pelvoux (Boulay) ; Villard d'Arène (Ravaud) ; glacier des Bossons, Perralotaz, Aiguilles-Rouges, Bérard (Payot).

H. VERNICOSUM. — Commun dans le Haut-Jura ; tourbières de Mouthe, de Pontarlier (Flagey, Renauld) ; de Loeche-les-Bains ; très abondant dans les marais de Décines près Lyon (Debat), et paraît se rapporter à la forme ci-dessous.

Forma viridis. — Tourbières de la Planée (Flagey).

H. CURVICAULE. — Aiguilles-Rouges (Payot). (Nous ne l'avons pas vu).

H. FILICINUM. — De la zone silvatique moyenne à la zone alpine supérieure. Très répandu dans nos régions montagneuses sous des formes diverses. Rians, rare (Fr. Pacôme); Pelvoux, Banon (Renauld). Environs de Faverges et d'Allevard, le Reculet, le mont Salève; Haut-Bugey (Debat); le Bouchet (Payot); Pointe de Surcou (Guinet); disséminé aux environs de Lyon où nous l'avons rencontré dans l'établissement agricole d'Ecully, à Dardilly, à Rochecardon; de Villard de Lans à Corençon (Ravaud).

Var. *alpinum.* — Aiguilles-Rouges (Payot); près le lac d'Allos (Boulay).

Var. *prolixum.* — Flaque d'eau au village de Brezin (Guinet).

Var. *intermedium.* — Citerne au col des monts d'Ain (Debat).

H. VALLIS CLAUSÆ. — Fontaine de Vaucluse; bords de la Versoie à Sauvernières (D' Bernet).

Forma *fallax.* — Ruisseau près Annemasse (Rome); Faverges (Chatelain); Bourg de Péage (Fr. Pacôme).

H. DECIPIENS. *(Thuidium decipiens).* — Val d'Anniviers dans le Valais (Philibert); bords de l'Evettaz, en montant à la Flégère (Payot).

H. COMMUTATUM. — Très commun dans les régions calcaires montagneuses. Les Vans; Vaucluse; vallée de l'Ubaye (Boudeille); le Queyras (Husnot); le Pelvoux, Grandvillars (Boulay); bords de la Bléone, Forcalquier (Renauld); Allevard (Debat); la Dôle, vallon d'Ardran au Reculet, vallée du Reposoir (Haute-Savoie) (Guinet); environs de Voiron, le Bugey (Debat); très répandu dans le massif du mont Blanc, Servoz, aux Montées, ravin du Buet, nants divers, bords de l'Arve, gorges de la Diosaz, etc. (Payot); grande fabrique près Renage (Ravaud); Saint-Genis-Laval au bord des sources (Fr. Pacôme).

H. FALCATUM. — De la zone moyenne à la zone alpine. Parc à Valence, vallée de l'Ubaye (Boudeille); Villard de Lans, Fourvoirie (Ravaud); vallée de Zermatt (Saint-Lager); Pelvoux, Grandvillars (Renauld); rencontré aux Etroits près Lyon (Debat); disséminé dans la Haute-Savoie et dans le massif du mont Blanc au bord des ruisseaux et des sources; Notre-Dame de la Gorge, bords de l'Arve sur la rive droite, Perralottaz, les Bossons, chalets de l'Ognant (Payot).

Var. *pachyneuron.* — Dans une mare au Sapey près la Grande-Chartreuse (Debat).

H. IRRIGATUM. — Environs de Chambéry, de Faverges (Chatelain); Eau-Noire autour de Pierre-à-Bérard (Payot); moulin sur la route de Villard de Lans à Corençon (Ravaud).

H. SULCATUM. — Sommet du Grand-Veymont (Ravaud) (1); glacier de Salaizon (Guinet).

H. RUGOSUM. — De la zone inférieure à la zone alpine. Environs de Digne (Philibert); revers sud de Lure (Renauld); Joyeuse (Fr. Pacôme); Faverges (Chatelain); de Genève, pointe de Surcou (Guinet); environs de Chamounix, Servoz, forêt de Brévent, Bellachat (Payot); disséminé autour de Lyon, commun au Molard de Décines (Debat); Saint-Fortunat, Chasselay, bords du Garon.

Var. *imbricatum*. — Sommet des Aiguilles-Rouges (Payot).

H. INCURVATUM. — Disséminé sur beaucoup de points du bassin, mais nulle part très commun; Chasseron, la Faucille, la Dôle (Guinet); Saint-Eynard (Boudeille); Allevard (Debat); environs de Genève, mont Salève (Guinet); Saint-Rambert en Bugey (Debat); bois d'Échirolles, Villard de Lans, la Moucherolle, Prémol (Ravaud); environs de Tournon (Boulay); Loeche-les-Bains; près de Lyon, à Rochecardon (Fr. Pacôme); vers le pont de Collonges (Debat); Sixt (Saint-Lager); Montferrand (Flagey).

Forma robusta. — Sur un tronc à Irigny (Guillemin).

(Dans une des séances de la Société botanique nous avons rapporté cette *forma robusta* stérile à l'*H. Haldanianum*. L'examen minutieux du tissu des feuilles nous l'a fait reconnaître comme forme de l'*incurvatum*. La publicité donnée à cette erreur exigeait une rectification que nous nous empressons de faire).

H. VAUCHERI. — Zones subalpine et alpine. Pelvoux, Ventoux, Allos, vallée de la Durance, Brama-Bioou (Boulay); descend dans la région de Lure à 500 mètres, Mées, Forcalquier (Renauld); Villard de Lans (Ravaud); Chasseron; mont Salève, mont Billiat (Guinet).

Forma elata. — Pointe de Surcou (Guinet).

H. CUPRESSIFORME. — Répandu en abondance dans toute la région silvatique du bassin. Devient toutefois un peu moins commun et moins polymorphe dans les localités méridionales. Aussi jugeons-nous inutile de citer des stations. Nous ne le ferons que pour les variétés.

---

(1) Paraît appartenir à la *var. subsulcatum*.

Var. *ericetorum*. — Rare aux environs de Lyon.
Var. *filiforme*. — Commun sur les vieux troncs.
Var. *tectorum*. — Commune.
Var. *gracile*. — Au Bouchet (Payot).
Var. *condensatum*. — Au Bouchet (Payot).
Var. *uncinulatum*. — Çà et là autour de Lyon (Debat).
Var. *longirostre*. — Disséminé aux environs de Lyon (Debat); mont Salève (Guinet).
Var. *pyrenaicum*. — Lachal (Chatelain); au Grand-Bois (Payot).
Var. *fastigiatum*. — Aux Grands-Mulets (Payot).
Var. *elatum*. — Environs de Faverges (Chatelain).
Var. *imbricatum*. — Rocher du Piton, au mont Salève (Guinet).

H. IMPONENS. — Dans le Gard à la Costière, bois de la vallée du Gardon (Boulay); Lachal près Faverges (Debat).

H. CALLICHROUM. — Zone alpine mais rare. Près d'Allevard (Debat); Méribel (Ravaud); chaîne d'Anterne, vallée de Bérard, la Flégère (Payot).

H. ARCUATUM. — Au Bouchet, aux Pèlerins, les Houches (Payot); environs de Faverges (Chatelain); marais de Palanterie près Genève (Guinet); Doubs, Haute-Saône, Larret, Franchevelle (Paillot et Flagey).

Var. *elatum*. — Faverges (Chatelain); Villard de Lans (Ravaud); Fouvent (Renauld).

Var. *demissum*. — Aiguilles-Rouges (Payot).

H. HEUFLERI. — Zones subalpine et alpine. Mont Genèvre, Grandvillars, la Vachière, au-dessus d'Allos, alpes de la Durance, environs de Briançon (Boulay); mont Méry (Guinet); sommet des Aiguilles-Rouges, Pierre-à-Bérard, chalets de la Pendant (Payot).

H. BAMBERGERI. — Vallée du Nant à Bex (Philibert); nous l'avons reconnu dans un échantillon provenant du mont Sambuy (Chatelain); c'est la seule localité connue en France; celle signalée par M. Flagey à l'Oldenhorn se trouvant sur le territoire suisse.

H. FASTIGIATUM. — Zone subalpine et alpine, Grand-Villars, mont Genèvre, le Pelvoux, la Vachière (Boulay); Chalet de la Tronchée et col de la Traversette (Husnot); la Moucherolle, Villard-de-Lans, Chamechaude, le Corençon (Ravaud); le Chasseron, le Suchet; le Reculet, mont Billiat, vallée du Reposoir, Sous-Dine (Guinet); vallée et col de Bérard (Payot).

H. hamulosum. — Villard-d'Arène (Ravaud); col de Bérard, Aiguilles-Rouges (Payot); c'est par la comparaison avec les échantillons dûs à la complaisance de M. Geheeb que nous avons déterminé ceux envoyés par M. Payot sans désignation. L'espèce n'avait pas encore été signalée dans notre bassin.

H. reptile. — Corençon (Ravaud); c'est la var. *subjulaceum* d'après Boulay, ou l'*H. perichœtiale*, du *Bryologia europea*.

H. procerrimum. — Zone subalpine et alpine ; mont Genèvre, le Pelvoux; au-dessus d'Allos, la Vachière (Boulay); le Chasseron, le Reculet (Flagey); le Suchet (Boulay); Villard-de-Lans (Ravaud) ; au Bouchet, vallée de Bérard (Payot).

H. fertile. — Poita Raisse près Fleurier (Lesquereux).

H. Ravaudi. — Villard d'Arène, rochers au-dessus de la forêt (Ravaud).

H. haldanianum. — Ste-Croix, Saône-et-Loire (Philibert); au Bouchet, le long de l'Arveyron, Aiguilles-Rouges, Grand-Bois (Payot).

Var. *homomallum*. — Mont Genèvre (Boulay).

H. molluscum. — Assez répandu dans tout le bassin surtout dans les régions calcaires; à Lure depuis la zone des oliviers jusqu'à la zone alpine (Renauld); Gonfaron ; Revel ; roche de Berland, St-Nizier (Boudeille) ; Arenthon ; mont Salève (Guinet); Clairvaux (Flagey); très commun dans les vallées du Bugey, disséminé autour de Lyon ; Orliénas, dans un terrain siliceux d'où il a disparu depuis quelques années, cédant sa place au *Mnium undulatum* (Debat); bois de Sapins autour de Chamounix (Payot).

Var. *gracile*. — Revers nord de la Valorsine (Payot); Rians, St-Baume (Fr. Pacôme).

Var. *condensatum*. — Au Bouchet et au mont Vautier (Payot); Dardilly près Lyon (Debat).

Var. *Winteri*. — Tête-Noire, Gorges mystérieuses (Payot); près de Marseille (Sarrat-Gineste).

Var. *squarrosulum*. — St-Bonnet, Gard (Boulay).

H. crista castrensis. — Zone des sapins ; Bois de Crillat, Jura, Laissey (Paillot); mont de Vannes, Haute-Saône (Renauld); Prémol (Ravaud); cascade de l'Oursière (Saint-Lager), Faverges (Chatelain); mont Salève (Guinet); toute la zone des Sapins dans le Chablais et le Faucigny (Saint-Lager); Pilat (Debat).

H. palustre. — Bords du Gardon (Boulay); revers nord de

Lure (Renauld) ; Serennes (Boudeille) ; Villard-de-Lans, Sassenage (Ravaud) ; bords de la Gère près Vienne (Debat) ; sources de la Cuizance, Jura (Flagey) ; environs de Faverges (Chatelain) ; bois du Vengeron près Genève, vallée du Reposoir, mont Salève, dent de Creux, bords de l'Arve (Guinet) ; très répandu autour de Chamounix dans la zone moyenne (Payot).

Var. *laxum*. — Bords de la Gère (Debat); Pelvoux ; Laissey (Paillot).

Var. *hamulosum*. — Reignier (Guinet) ; bords de la Gère (Debat); bords de l'Arve (Guinet) ; près de Salvan (Payot).

Var. *subsphæricarpon*. — Au-dessus d'Allos (Boulay); Sixt (Saint-Lager) ; St-Gervais ; sous Salvan (Payot) ; Pontarlier.

Var. *tenellum*. — La Motte, Villard-de-Lans (Ravaud) ; au Bouchet (Payot).

Var. *julaceum*. — Pelvoux (Boulay); Praz d'en Haut, ruisseaux du Buet en face de Pierre-à-Bérard, aux Rassaches, vers Pierre-Pointue, la Diosaz, Servoz (Payot) ; Savoie (Paris).

H. ALPESTRE. — (Ne diffère pas du *dilatatum* suivant Boulay) Aiguilles du Tour, Longenaz, revers nord des Aiguilles-Rouges (Payot).

H. MOLLE. — De la zone moyenne à la zone alpine ; lac Cornu, base de la Glière, col de Bérard (Payot) ; Pilat (Fr. Pacôme).

Var. *maximum*. — Près le lac Cornu, ruisseau de la Jorace, source de l'Arveyron, Aiguilles-Rouges entre la Crase-de-Bérard et le col de Salenton (Payot).

Var. *Schimperianum*. — Base de l'Aiguille-de-Tour (Payot) ; lac du Crouzet (Ravaud).

Var. *dilatatum*, — Aiguilles-Rouges, berge de l'Eau-Noire, vallée de Bérard (Payot) ; bords du Haut-Gier au Pilat (Debat).

Var. *alpinum*. — Glacier d'Anolet, près la Pierre-à-Bérard, Songeonnaz, près le lac du Brévent, glacier des grands Montets, sommet de la Floriaz (Payot).

V. *julaceum*. — Aiguilles-Rouges et vallée de Bérard (Payot).

Cette espèce variant beaucoup, nous n'avons cité que les formes les mieux caractérisées.

H. ARCTICUM. — Zone alpine. Col de Bérard, lac Cornu, entre la Crase de Bérard et le col de Salenton (Payot) ; vallée de Séléon au Pelvoux (Renauld).

H. OCHRACEUM. — De la zone moyenne à la zone alpine. Hte-Saône (Renauld); col de Bérard, Aiguilles-Rouges, entre le vallon de la Balme et d'Arlevé (Payot).

Var. *tenue*. — Aux Gallands (Payot).
Var. *tenuius*. — Aiguilles-Rouges (Payot).
Var. *flaccidum*. — Beaufort en Savoie (Saint-Lager); Aiguilles-Rouges (Payot).
H. Goulardi. — Cime des Aiguilles-Rouges (Payot).
H. turgescens. — Près de Clarens (Philibert).
H. cuspidatum. — Assez commun dans la région méditerranéenne. Rians; rare à Valsaintes (Renauld); les Maures, les Mayons; marais de Saône (Flagey); Talloires, Englaunaz (Chatelain); environs de Grenoble (Boudeille); roc Ste-Hélène dans le Beaujolais (Fr. Pacôme); commun près de Lyon dans les fossés entre Vaux-en-Velin et Décines (Debat); Barberine, le Bouchet (Payot); mont Salève (Guinet); Chassagne, Endieu (Fr. Pacome).
Var. *pungens*. — Bords du Gardon (Boulay); près Renage, parc d'Alivet (Ravaud); roc de Chères (Chatelain); marais de Lossy, pied du Petit-Salève (Guinet).
H. cordifolium. — Ne se rencontre pas dans la région méditerranéenne; marais de Saône (Renauld); Jussey (Madiot); le Bouchet, les Grandes-Places, montée des Thynes, Notre-Dame-de-la-Gorge (Payot).
H. giganteum. — Nul dans la région méditerranéenne; Abriès en Queyras, St-Véran, vallée de Molines (Husnot); mont Cenis (Bonjean); Taillefer (Ravaud); mont Méribelle (Puget); au Bouchet, Notre-Dame-de-la-Gorge (Payot); marais de Saône (Flagey, Renauld).
H. purum. — Zones silvatiques inférieure et moyenne; commun dans la région méditerranéenne mais stérile; Carnioles, Valsaintes, revers sud de Lure (Renauld); répandu dans la Savoie, la Haute-Savoie, aux environs de Faverges, de Genève, de Lyon (Debat).
H. Schreberi. — Même dissémination que le précédent, sauf qu'il est nul dans la région méditerranéenne. Est très répandu autour de Lyon, mais a été souvent confondu avec l'*hypn. purum*; très commun dans le massif du mont Blanc (Payot); les Touches (Ravaud).
H. sarmentosum. — Région alpine. Entre le lac Noir et le lac Cornu, Aiguilles-Rouges, cascade de Bérard, les Montées, le col de Balme (Payot). Entre Nant Borant et Notre-Dame-de-la-Gorge (Saint-Lager).

H. stramineum. — Zone moyenne et supérieure; Bémont (Lesquereux); la Brévine (Flagey); tourbières de Pontarlier (Renauld); Pringy (Puget); vallon d'Entre-les-Eaux, Valorsine, vers les Aiguilles-Rouges (Payot).

H. trifarium. — Mont Genèvre (Boulay); Tourbières de Mouthe, de Pontarlier (Renauld et Flagey); nous avons rencontré cette espèce en échantillons très rares et peu développés dans les marais entre Décines et Vaux-en-Velin près Lyon.

H. nivale. — Près de la Flégère (Payot).

HYLOCOMIUM

H. splendens. — Très répandu dans la zone inférieure à la zone alpine; rare dans la région méditerranéenne, revers nord des monts de Lure; commun au Pelvoux (Renauld); le Vigan (Tuezkieviez); mont Salève, bois d'Aizery (Guinet); Montferrand (Flagey); commun aux environs de Lyon, d'Allevard (Debat); dans toutes les forêts des massifs montagneux, du Bugey et de la Savoie jusqu'à la chaîne du mont Blanc.

H. brevirostrum. — Zone moyenne et sous-alpine; nul dans la région méditerranéenne; Jura; mont Salève, bois de Bernex (Guinet); St-Cassin près Chambéry (Saint-Lager); forêt de Seillon près Bourg (Debat); Servoz, Tête-Rouge, Valorsine (Payot); Parménie (Ravaud); Fouvent, St-Andoche, Larret (Renauld); Jussey, Vitrey (Madiot).

H. Oakesii. — Zone supérieure et alpine; Chasseron (Schimper); Pelvoux (Husnot); lac du Crouzet (Ravaud); Lachal (Chatelain); revers nord des Aiguilles-Rouges, col de Praz Torrent (Payot).

H. umbratum. — Zone moyenne; la Dôle, Creux-du-Vent (Lesquereux); Pringy (Puget); forêt de St-Nizier (Ravaud); nant du Dard, base de la Loriaz, cascade de Bérard, Valorsine, la Forclaz, Tête-Rouge, chalets de la Balme, vallée de Bérard, St-Gervais, etc. (Payot).

H. squarrosum. — Disséminé dans les diverses zones silvatiques; nul dans la région méditerranéenne; environs de Pontarlier; le Pilat, bords du Garon près Lyon (Debat); Frontonas (Fr. Pacôme); vallée du Reposoir (Guinet); Tête-Rouge, cascade de Bérard, Songeonaz, aux Mottets, aux Houches, au Bouchet, aux Pèlerins (Payot).

H. triquetrum. — Très répandu dans toutes les zones silvatiques; nul dans la région méditerranéenne ; Fr. Pacôme le signale cependant à St-Baume ; Laissey, Doubs (Flagey) ; toutes les forêts du Bugey et de la Savoie ; très commun autour de Lyon (Debat) ; Pilat, mont d'Or, etc.

Var. *alpinum*. — Lac d'Allos (Boulay) ; monts de Lure (Renauld) ; bois de Brévent (Payot).

Var. *major*. — Forêt de Songeonnaz (Payot).

Forma *depauperata*. — Roc Ste-Hélène (Fr. Pacôme, Debat).

H. LOREUM. — Très répandu dans les zones moyenne et sous alpine ; la Dôle, mont Salève, vallée du Reposoir (Guinet) ; le mont d'Ain, Colombier du Bugey, le Pilat (Debat) ; Servoz, mont Vautier, mont Chétif, aux Montées, bois de la Jorace, Notre-Dame-de-la-Gorge, à Coupeau, gorges de la Diosaz (Payot) ; St-Quentin, Isère (Fr. Pacôme).

ANDRÆA

A. PETROPHILA. — Chanrousse, Taillefer, Sept-Laux (Ravaud) ; Pelvoux (Boulay) ; répandu sur les blocs et les murs autours de Chamounix (Payot) ; Pilat (Fr. Pacôme).

Cette espèce donne naissance à un grand nombre de variétés signalées par Payot autour de Chamounix.

A. RUPESTRIS. — Mont Cenis (Bonjean) ; Pic du Bec, la Bérarde (Ravaud) ; Aiguilles-Rouges, mont de la Côte, au Gros-Béchard (Payot) ; Saut du Gier (Debat).

A. GRIMSULEANA. — Mont Cenis (Bonjean) ; l'Ognant, col de Bérard, la Jorace, base du lac Blanc (Payot).

A. CRASSINERVIA. — Rare, environs de Chamounix (Payot).

A. FALCATA. — Versant nord des Aiguilles-Rouges (Payot).

A. NIVALIS. — Revers nord des Aiguilles-Rouges, l'Ognant, Aiguilles de Bérard, la Loriaz (Payot).

Var. *fuscescens*. — Rochers d'Arlevé, lac Blanc, la Flégère, col de Bérard (Payot).

A. ALPINA. — Le Gros-Béchard (Payot).

A. ALPESTRIS. — (Var. du *petrophila* d'après Boulay) ; Pelvoux (Boulay).

ARCHIDIUM

A. PHASCOIDES. — Bois des frères près Genève (Rome) ; galerie de mine à Laissey (Flagey).

www.ingramcontent.com/pod-product-compliance
Lightning Source LLC
Chambersburg PA
CBHW070303100426
42743CB00011B/2332